みんなで考えたい

プラスチックの現実と未来へのアイデア

高田秀重 監修

未来のために、
今から出来る
アイデアの数々

東京書籍

CRISIS 1

PLASTIC POLLUTION

世界中の海岸をうめつくすプラスチックごみ

プラスチックごみが世界中の海岸をうめつくし、
そのプラスチックごみが太陽の紫外線や波によって小さく砕け、
有害化学物質の運び屋マイクロプラスチックに。
（p.30〜34、p.82〜85、p.126〜129参照）

2018年7月19日撮影／カルデ　レバノン／AFP＝時事

2018年5月12日撮影／マニラ
フィリピン／AFP＝時事

2018年6月21日撮影／ムンバイ　インド／EPA＝時事

2017年12月19日撮影／デンパサール　インドネシア／AFP＝時事

2019年1月8日撮影／バンドン　インドネシア／EPA＝時事

CRISIS 2
PLASTIC POLLUTION

プラスチックごみだらけで川面が見えない河川

プラスチックごみであふれる新興国の河川や水路。
おびただしいプラスチックごみは、すべて海へと流れ込む。
（p.30〜31、p.84〜85、p.126〜129参照）

2018年1月17日撮影／マニラ　フィリピン／AFP＝時事

荒川河口
2017年11月29日撮影／荒川区
東京／高田秀重教授

マイクロプラスティック　2016年2月9日撮影／
ヴァーネミュンデ　ドイツ／dpa／時事通信フォト

FACTOR

MICROPLASTIC

1gのマイクロプラスチックが
海水1t分の汚染物質を吸着・濃縮する。
（p.30〜34、p.82〜83、p.126〜129参照）

プラスチックスープ
2016年2月27日撮影／香港
中国／EPA＝時事

ACTION

2018年6月5日撮影／リマ
ペルー／AFP＝時事

CLEAN UP

プラスチックごみを
海に流出させない！

2018年7月16日撮影／サント・ドミンゴ
ドミニカ／AFP＝時事

まずは海岸の
プラスチックごみの
回収・清掃からはじめよう！
（p.126〜127参照）

2019年6月1日撮影／ダカール
セネガル／AFP＝時事

朝日新聞社／時事通信フォト

何度も使えるストロー

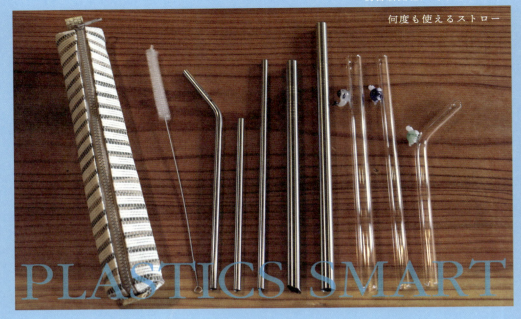

PLASTICS SMART

PRODUCT

使い捨てしない、プラスチックフリー・ライフへ
（p.122〜125、p.130〜135参照）

アコラップ

岐阜のミツロウから作った天然ラップ。
野菜やパンの保存や器のフタに使えます。
洗って繰り返し使え、最後は土に還る、
プラスチックフリーの地球環境に優しいエコラップです。

https://acowrap.jp/

みんなで考えたい

プラスチックの現実と未来へのアイデア

高田秀重 監修

東京書籍

はじめに

　廃プラスチック、使い捨て、海洋プラスチックごみ問題……。最近、そんな言葉をよく耳にします。2019年１月、安倍晋三首相はスイス・ダボスでの世界経済フォーラムの基調講演で、「太平洋の最も深い場所で今、とんでもないことが進行中です。そこにいる小さな甲殻類の体内から、PCB（ポリ塩化ビフェニル）が高い濃度で見つかりました。原因をマイクロプラスチックに求める向きがあります」と強い危機感を表明しました。

　プラスチックをめぐって今、何かが起きている──。仕事仲間が数人集まって、そんな話題になりました。

　プラスチックは私たちの暮らしを支える必需品です。現代社会の代表的なインフラは電気やガス、水道ですが、電線の被覆には絶縁体のプラスチック、ガス管には軽くて丈夫なプラスチックが使われています。着ている衣服は合成繊維、乗っている車はハンドルからガソリンタンクまでプラスチック製で、タイヤの材料は合成ゴム。そしてレジ袋やペットボトル、日用品や文房具類、パソコンの外装品……。やがて老いると紙おむつのお世話になりますが、これはむしろプラおむつと呼ぶべきでしょう。このように、私たちはプラスチックに全面依存の毎日を送っているのです。

　そのプラスチックが実はとんでもない悪さをしでかしているらしい。ここで議論していても埒があかないから、何が起きているか、皆で手分けしてリサーチし、その結果を大勢の人たちに伝えよう。そうして始めた調査の結果をまとめた緊急レポートが、この『プラスチックの現実と未来へのアイデア』です。

　調査にあたって、マイクロプラスチックによる海洋汚染研究の第一人者で、政府のプラスチック資源循環戦略小委員会委員の一人でもある、東京農工大学農学部の高田秀重教授の指導を仰ぐことにしました。

　調べてみると、確かにとんでもない事態が生じていました。現在、世界のプラスチック生産量は約４億ｔ（合成繊維、合成ゴムを含む）ですが、1950年

以降、83億 t 超のプラスチックが生産され、63億 t がごみとして廃棄されたという推計があります。また、エレン・マッカーサー財団の報告（2016年）では、今後20年で現在の生産量の 2 倍に増え、2050年には海洋中のプラスチック量が海洋に棲むすべての魚の量以上に増加すると予想しています。

　憂慮すべきは、陸上で生産・消費・廃棄されたプラごみが河川を経て海洋に流出し、海の環境を汚染していることです。特にプラごみが細かく砕けたマイクロプラスチックは海の生態系に深刻なダメージを与えています。マイクロプラスチックはまず、小魚類や海鳥の体内に蓄積され、食物連鎖を通じてより上位の海洋生物に移行・蓄積。その結果、最上位グループの海洋哺乳類ほど生物濃縮の度合いが高くなっていきます。もちろん、私たち人間も例外ではありません。すでに私たちの体の中に、マイクロプラスチックが移行し、いつ健康被害が発生してもおかしくないとさえ言われているのです。

　海洋プラごみ汚染は、陸上でのプラスチックの生産・消費・廃棄に起因しています。海を汚しているのは、陸上で暮らしている私たち自身なのです。

　私たちは地質年代の第四紀、完新世という時代に生きていますが、プラスチックの利用が世界中に広がり、人間活動が地球環境に大きな負荷を与えている1950年代以降は「人新世」と呼ぶべきだとも提案されています。

　海洋プラごみ汚染の全貌はまだ明らかになっていませんが、これ以上、汚染が深刻化すると、取り返しのつかないことになってしまいます。ここは「予防原則」の立場から、厳しい対策を打ち出すべきです。

　アメリカ先住民のネイティブ・アメリカンには「我々は子孫から大地を借りて生きている」という言葉があるそうです。借りた大地は、海も含め汚さずにきれいな状態で返すのが当然でしょう。では、どこから手をつけるか？　水漏れを防ぐには元栓をしっかり閉めることが必要です。プラスチック製品の使用削減──。まず、そこから始めるべきではないでしょうか。

はじめに　011

口絵 —————————————————————————————————— 002

はじめに ———————————————————————————————— 010

chapter 01

ポスト・プラスチックの未来へ

01 G20大阪サミット──世界は2050年までに
新たな海洋プラごみ汚染をゼロにできるか!? —————— 016

02 「プラスチック資源循環戦略」策定。
プラスチックごみ対策の「日本モデル」は世界に通用する? —— 022

03 プラごみ削減、海洋プラごみ
汚染対策を先導するEUの環境経済戦略 ——————————— 026

04 有害化学物質の運び屋マイクロプラスチックが
世界の海を汚染している! ——————————————————— 030

chapter 02

プラスチック──その不都合な現実

05 プラスチック──その性質と構造がわかれば
不都合な現実が見えてくる! ————————————————— 036

06 プラスチックの種類と用途──日本の暮らしと産業の
隅々まで浸透している! ———————————————————— 040

07 プラスチックの製造・使用・廃棄・
リサイクルの流れがわかるマテリアルフロー ——————— 044

08 軽量化、リサイクル率向上、熱回収だけでは
プラごみの発生抑制は達成できない! ——————————— 048

09 リユースかリサイクルか?
プラスチック製飲料容器の悩ましいトレードオフ ————— 052

10 元のプラスチックに戻し、新たな製品を作る
材料リサイクルにはさまざまな制約がある ——————— 056

11 材料リサイクル処理の流れ
──ペットボトルの場合 ————————————————————— 058

12 環境負荷、コストを考慮しながら
分野・製品別にリサイクルの方法を選ぶ —————————— 060

13 プラスチック以前の化学原料まで
分解するケミカルリサイクルのメリットとデメリット —————— 062

14 日本のケミカルリサイクルは
どこまで進んでいるのか？ —————————————————— 064

15 再生プラスチックは
どんな製品に生まれ変わるのか？ —————————————— 066

16 焼却し熱回収するサーマルリサイクルは
リサイクルと呼べるのか!? —————————————————— 068

17 プラスチックの熱回収は
ダイオキシン発生につながる？ —————————————— 072

18 容器包装リサイクル法と拡大生産者責任
リサイクルの費用を負担するのは誰？ —————————— 074

chapter 03

ポスト・プラスチック社会の模索の中で

19 国連のアジェンダSDGsは
循環型社会への転換を求めている！ —————————— 078

20 世界のプラスチック消費から
見えてくる2050年の海 —————————————————— 080

21 国際社会はマイクロプラスチックの
使用削減を強く求めている！ —————————————— 082

22 国際社会への貢献が期待される
海洋プラスチックごみ問題 —————————————————— 084

23 バイオプラスチックは
万能のプラスチック代替物か？ —————————————— 086

24 プラスチックを超える「紙」。
新素材で挑む新たな可能性 —————————————————— 088

25 利便性と健康・環境
選択を迫られる国民食「カップ麺」の容器 —————————— 090

26 ライフサイクルアセスメント（LCA）が
教えてくれるもの —————————————————————— 092

| 27 | 循環型社会形成のための法体系① 資源消費抑制、環境負荷低減を推進 | 094 |

| 28 | 循環型社会形成のための法体系② 廃棄物の増大・多様化に対処する法整備に追われる！ | 096 |

| 29 | 海洋プラごみ問題へのEUの取り組み 深刻化する海の汚染を先送りにできない！ | 100 |

| 30 | 海洋プラごみ問題への国際的取り組み レジ袋からプラスチック製品、マイクロビーズへ | 102 |

chapter 04

未来へのアイデア
スマートな循環型社会へ

| 31 | 最優先はプラスチックのリデュース。 プラごみ焼却の削減計画の策定を！ | 108 |

| 32 | 多くの限界があるリサイクルは プラごみ対策の決め手とはならない！ | 112 |

| 33 | 素材も使い捨て型から循環型へ バイオプラスチックは代替素材の最有力候補？ | 116 |

| 34 | スマートにモノが循環する ポストプラスチック社会を築こう | 120 |

| 35 | あなたから家族・学校・職場・地域へ プラスチックフリー・ライフのススメ | 124 |

| 36 | Renewable——再生可能な代替素材開発への挑戦。 企業の取り組みはどこまで進んだか？ | 132 |

用語メモ（キーワード） ———————— 136

参考文献 ———————————————— 142

chapter 01

ポスト・プラスチックの未来へ

chapter01 G20大阪サミット──世界は2050年までに新たな海洋プラごみ汚染をゼロにできるか!?

大阪湾岸の人工島に世界のトップリーダーが集結!

　2019年6月28・29日の両日、瀬戸内海の東端、大阪湾の湾岸にある咲洲（さきしま）という人工島の国際展示場で、主要20カ国・地域首脳会議（G20大阪サミット）が開催されました。日本がG20サミットの議長国を務めるのはこれが初めて。集結したのは、米国のトランプ大統領や中国の習近平国家主席、ドイツのメルケル首相、フランスのマクロン大統領、ロシアのプーチン大統領……などなど錚々（そうそう）たる顔ぶれです。

　先進7カ国（G7）サミットとともに「世界最高格」とされるG20サミットのメンバーは19カ国と欧州連合（EU）ですが、その中にはインド、ブラジルなどの新興国やサウジアラビアなど産油国も含まれ、加盟国の国内総生産（GDP）をトータルすると、実に世界の8割以上を占めます。そのトップリーダーたちが直接顔を合わせ、地球環境問題や世界経済など世界共通の課題の解決をめざし話し合ったのです。

「大阪ブルー・オーシャン・ビジョン」に加え「マリーン・イニシアティブ」を立ち上げる

　G20首脳に加え、8招待国、9国際機関の代表が参加したG20大阪サミットでは、安倍晋三首相が議長を務め、「世界経済、貿易・投資」「イノベーション（デジタル経済・AI）」「格差への対処、包摂的かつ持続可能な世界」「気候変動・環境・エネルギー」の4つのテーマでセッションが開かれました。

016

図1-1 G20サミットでの海洋プラスチックごみ問題への取り組み

G20大阪サミット（2019年6月）

首脳宣言

2050年までに海洋プラスチックごみによる追加的な汚染をゼロにすることを目指す「**大阪ブルー・オーシャン・ビジョン**」を共有し、「**G20海洋プラスチックごみ対策実施枠組**」を支持

G20海洋プラスチックごみ対策実施枠組

G20ハンブルクサミットの「海洋ごみに対するG20行動計画」に沿って、G20各国の自主的な行動の促進、それに関する情報共有と継続的な情報更新を通じて、「海洋ごみに対するG20行動計画」の効果的な実施を促進する

1．行動の実施
- 廃棄物管理、海洋プラスチックごみの回収、革新的な解決方法、各国の能力強化のための国際協力、プラスチック廃棄物の発生・投棄の抑制・削減などの手段によって、陸域を発生源とするプラスチックごみの海洋への流出の抑制・削減を緊急かつ効果的に促進する

2．情報共有と継続的な情報更新
- G20各国が実施する海洋ごみ対策についての情報の共有と更新を行い、ベストプラクティスに基づく相互学習を通じて政策と対策を促進する
- G20資源効率性対話の機会を活用し、第1回目の情報共有を行うとともに、G20外への展開を図るために、日本政府の支援でポータルサイトを構築する

G20ハンブルクサミット（2017年7月）

- G20サミットでは初めて、首脳宣言で海洋ごみを取り上げる
- マイクロビーズ・使い捨てレジ袋の使用削減など、海洋ごみの発生抑制、持続可能な廃棄物管理の構築、調査などを盛り込んだ「海洋ごみに対するG20行動計画」の立ち上げに合意

日本の「マリーン・イニシアティブ」

「大阪ブルー・オーシャン・ビジョン」の実現に向け、日本は「マリーン・イニシアティブ」を立ち上げ、途上国に対し、2国間ODAなどの国際協力を通じて、次のような支援を行う。
- 廃棄物法制、廃棄物管理・3R推進のための能力構築や制度構築
- 海洋ごみに関する国別行動計画の策定
- 廃棄物処理施設など環境インフラの導入や関連する人材の育成
- 2025年までに廃棄物管理人材を世界で10,000人育成
- 「ASEAN＋3海洋プラスチックG20ごみ協力アクション・イニシアティブ」に基づく支援
- ASEAN諸国を対象に「海洋プラスチックごみナレッジセンター」を設立

写真：外務省ホームページ （https://g20.org/jp/photos/）

最大の懸念は、Ｇ20首脳が一致して「反保護主義」の立場を打ち出せるかでしたが、これは「米国第一」を掲げるトランプ大統領に配慮して、貿易摩擦の当事国、米中両国の主張を折衷した「自由、公正、無差別な貿易体制の維持・強化」という文言で決着しました。

　それでも、大きな成果も得られました。29日に発表された首脳宣言に、ごみの適正処理を進めて2050年までに海洋プラスチックごみによる新たな汚染をゼロとすることをめざす「大阪ブルー・オーシャン・ビジョン」を共有し、付属文書としてまとめられた「Ｇ20海洋プラスチックごみ対策実施枠組」を支持すると明記されたのです（図１-１）。

　Ｇ20海洋プラスチックごみ対策実施枠組とは、首脳宣言で初めて海洋ごみを取り上げたＧ20ハンブルクサミット（2017年７月）で採択された「海洋ごみに対するＧ20行動計画」に基づくもので、各国の政策や実施状況を考慮しつつ、大きさが５mm以下の**マイクロプラスチック**を中心とする海洋プラスチックごみに対する、さらなる具体的な行動の実施、情報共有と継続的な情報更新などを促す内容になっています。

　議長国の日本はさらに、「大阪ブルー・オーシャン・ビジョン」の実現に向け、「マリーン・イニシアティブ」を立ち上げ、途上国に対し、廃棄物管理に関する能力向上やインフラ整備、海洋ごみの回収、イノベーション、廃棄物管理人材の育成などを柱とする支援をしていくと国際公約しました。

2050年には海のプラスチックの量が魚の量より多くなる！

　Ｇ20大阪サミットで、日本政府が腐心したのは、意見の対立ではなくいかに共通点を見出すかでした。事前に各国の主張をよく聞き、誰も反対しない一点に着地させる。その最大の収穫が「大阪ブルー・オーシャン・ビジョン」の共有だったわけです。会議場でも日本は細心の気配りを忘れませんでした。出席者にはペットボトルの飲料ではなく、ガラ

ス瓶入りのミネラルウォーターを用意したのです。日本の周到な根回しとおもてなし外交が奏功したといっていいでしょう。

　それにしても、なぜ日本政府はこれほど海洋プラごみ汚染対策に積極的なのでしょうか？　その辺の経緯をふり返ってみましょう（図1-2）。

　2016年1月、衝撃的なニュースが飛び込んできました。**ダボス会議**（世界経済フォーラム）で、「2050年には海洋中のプラスチックの量が、魚の量以上に増加する」との試算が公表されたのです。この頃、死んだクジラの腹部から大量のビニール袋が出てきた、プラスチック製の漁網が体に絡まり、ウミガメがあえぎ苦しんでいる、海鳥の胃の中からマイクロプラスチックが検出されたなどの報告も相次いでいました。

　マイクロプラスチックは、餌と間違えて摂食した小魚類や海鳥の体内に蓄積され、**食物連鎖**の上位に位置する海洋生物がそれらを食べて、さらにその体内で**生物濃縮**が進みます。この食物連鎖を通じて、最上位グループのクジラなどの体内には大量のマイクロプラスチックが蓄積され、魚介類を食べているヒトの健康にも悪影響を及ぼしているのでは、と世界中で懸念されているのです。

　こうした動きを受けて、16年5月のG7伊勢志摩サミットで海洋ごみへの対処を再確認、翌年のG20ハンブルクサミット、国連環境総会などを経て、18年6月のシ

図1-2　海洋プラスチックごみ問題に関する国際的な動き

2015年9月 ● **国連SDGsサミット**
持続可能な開発目標（SDGs）に海洋汚染の防止、海洋ごみの大幅削減を掲げる

2016年1月 ● **ダボス会議**
2050年には海のプラスチック量が魚の量を超えるとの試算を公表

2016年5月 ● **G7伊勢志摩サミット**
海洋ごみへの対処を再確認

2017年6月 ● **国連海洋会議**
海洋の環境破壊に関する初の国連決議

2017年7月 ● **G20ハンブルクサミット**
「海洋ごみに対するG20行動計画」の立ち上げに合意

2017年12月 ● **国連環境総会（UNEA3）**
海洋プラごみ、マイクロプラスチックに関する決議を採択

2018年6月 ● **G7シャルルボワサミット**
カナダ、欧州各国が「海洋プラスチック憲章」を承認

2019年1月 ● **ダボス会議**
安倍首相が基調講演

2019年6月 ● **G20大阪サミット**
「大阪ブルー・オーシャン・ビジョン」を共有

chapter 01　ポスト・プラスチックの未来へ　　019

ャルルボワサミットでは、カナダなど５カ国１地域が「海洋プラスチック憲章」を承認、署名しましたが、日本と米国は署名を拒否、国際社会からブーイングを浴びることになりました。

　これがトラウマになったのか、日本政府は海洋プラごみ汚染対策に本腰を入れ始めます。19年１月のダボス会議では、安倍首相が「私は大阪で、海に流れ込むプラスチックを増やしてはいけない、減らすんだという決意を共通認識にしたい」と熱弁をふるい、5月31日に「プラスチック資源循環戦略」を策定。そして、満を持して迎えたのがＧ20大阪サミットだったわけです。

使い捨てプラスチックの
使用削減が書き込まれていない！

　しかし、Ｇ20大阪サミットで合意された「大阪ブルー・オーシャン・ビジョン」への批判の声もすでに上がっています。海洋へのプラごみの「流入ゼロ」という目標設定をした点は評価しつつも、「目標達成の要となる『使い捨てプラスチックの使用削減』がビジョンにも実施枠組にも書き込まれていないのが問題だ」というのです。確かにＧ７シャルルボワサミットの「海洋プラスチック憲章」には「使い捨てプラスチックの使用削減」が明記されています。この点では「大阪ブルー・オーシャン・ビジョン」は「海洋プラスチック憲章」に比べ、明らかに後退といわざるを得ません。

　政府のプラスチック資源循環戦略では、2030年までに使い捨てプラスチックを累積25％排出抑制するという目標を掲げていますが、日本のプラスチック製品の国内消費量は1,012万ｔで、廃プラスチック総排出量は903万ｔ（2017年）、人口１人当たりのプラスチック容器包装廃棄量は35kgで米国に次いで世界２位という報告もあります。

　一方、廃プラのリサイクル率27.8％と熱回収率58.0％を合わせると、有効利用率は85.8％、陸上から海洋に流出したプラごみ量も世界30位の

年2～6万tと推計されています（図1-3）。

図1-3 陸上から海洋に流出したプラスチックごみ発生量ランキング（2010年推計・単位：万t/年）

1位	中国	132 ～ 353
2位	インドネシア	48 ～ 129
3位	フィリピン	28 ～ 75
4位	ベトナム	28 ～ 73
5位	スリランカ	24 ～ 64
20位	アメリカ	4 ～ 11
30位	日本	2 ～ 6

（出典）Jambeck2015

しかし、その廃プラを日本は海外に輸出しています。その量は16年で153万t、17年143万t、18年は101万t。主たる輸出先は中国でしたが、その中国が18年から輸入を禁止。日本は東南アジアに活路を求めていますが、東南アジアでもプラごみ処理に伴う環境汚染が懸念され、廃プラの受け入れをストップし始めました。そこへ追い打ちをかけたのが、有害廃棄物の輸出入を規制する「**バーゼル条約**」の改正。国内の処理場に廃プラが溜まり、行き場を失っているのです。

廃プラの有効利用のうち熱回収の割合が高いのも気がかりです。大量の廃プラを焼却し続けるのは、気候変動枠組条約の「パリ協定」に逆行するからです。

こう見てくると、「大阪ブルー・オーシャン・ビジョン」の実現も、廃プラ25％排出抑制も、いささか心もとなくなってきます。

Column

パリ協定とバーゼル条約改正

パリ協定は、2015年12月、パリでの第21回気候変動枠組条約締約国会議（COP21）で採択された気候変動に関する国際的枠組み。世界の平均気温の上昇を産業革命前の2℃未満（努力目標1.5℃）に抑え、21世紀後半には温室効果ガスの排出を実質ゼロにすることを目標にしています。日本の目標は2030年までに、13年比で排出量を26％削減することですが、17年6月、世界2位の温室効果ガス排出国・米国のトランプ大統領がパリ協定からの離脱を表明、国際世論の反発を招いています。

バーゼル条約は有害廃棄物の定義や輸出入などを規定する国際条約で、19年5月、ノルウェー、日本などの提案で汚れたプラごみを規制対象とする改正案を採択しました。21年1月の施行後は汚れたプラごみを輸出する際に相手国の同意が必要となります。

「プラスチック資源循環戦略」策定。プラスチックごみ対策の「日本モデル」は世界に通用する?

「3R+Renewable」を基本原則にプラスチック資源を循環させる!

　2019年5月31日、政府はワンウェイ(使い捨て)プラスチックの使用を削減し資源循環を総合的に推進するための「プラスチック資源循環戦略」(図1-4)と「海洋プラスチックごみ対策アクションプラン」を策定、加えて「海岸漂着物処理推進法」に基づく「海岸漂着物対策を総合的かつ効果的に推進するための基本的な方針」の変更案を閣議決定しました。

　「**3R+Renewable(再生可能資源への代替)**」を基本原則とするプラスチック資源循環戦略の重点戦略は、**リデュース**等、**リサイクル**、再生材・**バイオプラスチック**、海洋プラスチック対策、国際展開、基盤整備と多岐にわたり、「2030年までにワンウェイプラスチックを累積25%排出抑制」「2030年までに容器包装の6割を**リユース・リサイクル**」など、具体的な数値目標を盛り込んだマイルストーン(里程標)が示され、また、レジ袋の有料化義務化(無料配布禁止等)をはじめ、無償頒布を止め「価値づけ」すること、海洋プラスチック**ゼロエミッション**をめざし、一次マイクロプラスチック流出抑制対策として、2020年までに洗顔料などスクラブ(磨き粉)製品の**マイクロビーズ**削減の徹底を図ることなど、従来に比べ大きく踏み込んだ内容になっています。

レジ袋有料化は義務づけるがペットボトル規制は手つかずのまま

　政府はこのプラスチック資源循環戦略の一環として、ソフト・ハード

のリサイクルインフラ、**サプライチェーン**構築といった社会システムの確立、資源循環関連産業の振興、技術開発、調査研究、情報基盤などの基盤整備を急ぎ、これをプラごみ対策の「日本モデル」として、途上国に対しオーダーメイドパッケージ輸出し、国際協力・ビジネス展開していくとしています。

では、この日本モデルを世界はどう評価しているのでしょうか？　すでにいくつか問題点が指摘されています。

その一つは、マイルストーンの達成期限は示されているものの、どの年の実績に対してなのか、基準年（度）が明らかにされていないことです。例えば、プラスチック製容器包装（ペットボトルを除く）の2016

図1-4　プラスチック資源循環戦略の骨子

〈重点戦略　基本原則：「3R＋Renewable」〉　　　〈マイルストーン〉

リデュース等
○レジ袋有料化義務化など使い捨てプラスチックの使用削減
○石油由来プラスチック代替品開発・利用の促進

リデュース
①2030年までに使い捨てプラスチックを累積25％排出抑制

リサイクル
○プラスチック資源の分かりやすく効果的な分別回収・リサイクル
○漁具等の陸域回収の徹底
○費用最小化・資源有効利用率の最大化
○アジア禁輸措置を受けた国内資源循環体制の構築
○イノベーション促進型の公正・最適なリサイクルシステム

リユース・リサイクル
②2025年までにリユース・リサイクル可能なデザインに
③2030年までに容器包装の6割をリユース・リサイクル
④2035年までに使用済プラスチックを100％リユース・リサイクル等により、有効利用

再生材バイオプラ
○利用ポテンシャル向上(技術革新・インフラ整備支援)
○需要喚起策（グリーン購入、利用インセンティブ措置等）
○循環利用のための化学物質含有情報の取扱い
○可燃ごみ指定袋などへのバイオマスプラスチック使用
○バイオプラ導入ロードマップ・静脈システム管理との一体導入

再生利用・バイオマスプラスチック
⑤2030年までに再生利用を倍増
⑥2030年までにバイオマスプラスチックを約200万t導入

海洋プラスチック対策
海洋プラスチックゼロエミッションをめざす
○ポイ捨て・不法投棄撲滅　○海岸漂着物等の回収処理
○海洋ごみ実態把握（モニタリング手法の高度化）
○マイクロプラスチック流出抑制対策（2020年までにスクラブ製品のマイクロビーズ削減を徹底等）
○代替イノベーションの推進

⇩

経済成長や雇用創出 ⇒ 持続可能な発展に貢献
必要な投資やイノベーション（技術・消費者のライフスタイル）を促進

（出典）環境省「プラスチック資源循環戦略（概要）」に基づき作成

年度の削減率を15.3%とするデータがありますが、これは2004年度を削減率0.0%の基準年度としています。勘ぐると、この基準年（度）を動かせば2030年の使い捨てプラごみ排出抑制のパーセンテージも変わってくるのでは、と思えてくるのです。確かに産業界にとってマイルストーンの達成は大変な足かせですが、基準年（度）を明示していたら国際社会の中で大いに称賛されたことでしょう。

　また、政府はレジ袋の有料化義務化に踏み込み、どのタイミングで義務化するかが議論されています。しかし、国内で出回るレジ袋の推定量は年約20万ｔで、国内のプラごみ量の年約900万ｔに占める割合はわずか２％程度に過ぎません。それに流通業界では大手スーパーを中心にレジ袋有料化が進んでおり、有料化した店ではエコバッグ持参の客が増え、レジ袋辞退率が80%を超えるとも伝えられています。コンビニやドラッグストアなども、こうした動きに続くことでしょう。

　これに対し、使用済みペットボトルの量は年約50万ｔ、国内のプラごみ量の5.5%に当たります。ペットボトルは年236億本消費され、その回収率は92.2%（2018年）ですが、7.8%、約18億本は未回収ですから、仮にそのうち１％、1800万本が陸から海に流出したとしても、海洋プラごみ汚染は確実に悪化します。つまり、ペットボトルの使用に何らかの規制をかける必要があるわけですが、具体的なプランは示されませんでした。こうしたことから、「ペットボトルを守るためにレジ袋がスケープゴートにされたのでは」とささやかれているのです。

地球温暖化対策に逆行する
熱回収の割合が高過ぎる！

　さらに政府は「プラスチック製品の生産・廃棄・再資源化・処理処分の状況　2017年」（一般社団法人プラスチック循環利用協会）に基づき、「廃プラスチックのリサイクル率27.8%と熱回収率58.0%を合わせて85.8%の有効利用率」としていますが、これについてはかねてよりEU

加盟国など海外から「熱回収の割合が高過ぎる。そもそも地球温暖化対策に逆行する熱回収を有効利用率に含めていいのか」との批判の声が上がっていました。しかし、2000年に制定された循環型社会形成推進基本法の基本原則として、「再使用及び再生利用されないものであって熱回収をすることができるものについては、熱回収がなさ

図1-5　各国のレジ袋規制

〈イギリス〉
5ペンス課税し、150億枚のレジ袋を削減

〈フランス〉
生分解性プラを除くレジ袋は製造も提供も禁止

〈ベルギー〉
ブリュッセル地域では、提供禁止

〈チェコ〉
無料での配布を法律で禁止

〈ベトナム〉
自然界で分解するプラを除き、小売業者に課税

〈ケニア〉
製造、販売、使用、輸入の禁止

〈コロンビア〉
課税・有料化。30c㎡未満のレジ袋は禁止

〈出典〉国連環境計画報告書2018

れなければならない」と規定されています。つまり、熱回収は国内法には抵触していません。とはいえ、国際社会のトレンドも強力です。いずれその圧力に屈し、法改正を検討せざるを得ない局面に直面するかもしれないのです。

　もちろん、プラスチック資源循環の日本モデルの中で世界が高く評価している点もあります。重点戦略のリサイクルの最初に「プラスチック資源の分かりやすく効果的な分別回収・リサイクル」が挙げられていますが、廃プラに限らず、わが国の廃棄物の分別回収システムは世界に冠たるものです。このシステムの中できわめて重要な役割を担っているのは、市区町村など自治体の職員や**静脈産業**の仕事に携わる人々ですが、彼らを途上国など海外諸国にどんどん送り出し、現地でそのノウハウを一から伝授する――。一見地味ですが、こうした地道で粘り強い国際協力が世界的課題である海洋プラごみ対策を大きく前進させ、その結果、日本の国際的な評判もぐんとアップするのではないでしょうか。

chapter01 03 / プラごみ削減、海洋プラごみ汚染対策を先導するEUの環境経済戦略

海洋プラスチック憲章に
EU主要加盟国がこぞって署名

　カナダ・ケベック州シャルルボワ──。2018年6月、この地で開かれた第44回先進国首脳会議（G7サミット）は「健全な海洋、強靭な沿岸地域社会のためのシャルルボワ・ブループリント」を採択、さらに海洋プラスチックごみ問題解決に向け自国でプラスチック規制を強化する旨の「海洋プラスチック憲章」を発表しました。この「海洋プラスチック憲章」に署名したのは、議長国カナダと英・仏・独・伊・EU（欧州連合）の5カ国1地域。日本は同憲章の趣旨には賛同したものの、「国内法が未整備で社会に与える影響の程度がわからない」という理由で、米国とともに署名を見送り、米国はブループリントについても「気候変動に関するものは留保する」と異を唱えました。

　同憲章に署名したのは、カナダ以外はどれもEUおよびEUの主要加盟国ですが、EUの海洋プラスチックごみ対策はきわめて野心的で、もはや環境政策の域を超えています。2010年3月、EU理事会は「資源効率性（RE）」をフラッグシップイニシアティブとする、20年までの中長期戦略「Europe2020」に合意、これを受け11年9月にREロードマップを発表しました。さらに15年12月には、その具体的な行動計画である循環型経済パッケージ（CEP）を打ち出しています。EUのプラスチックごみ削減策、海洋プラごみ対策は、これら一連の包括的経済発展戦略の中に明確に位置づけられているのです（図1-6）。

　なぜEUはプラスチックごみ削減に意欲的なのでしょうか？　ポイン

026

トはどうやら、フラッグシップイニシアティブの「資源効率性（RE）」という概念にあるようです。

資源効率性（RE）を軸に 二つのデカップリングを強力に推進

　REは二つのデカップリング（分離化）を促すための強力な手段といえます（図1-7）。地球温暖化に歯止めをかけつつ経済成長を続けていくためには、使い捨てプラスチックなどの使用済み資源の再資源化を含め、資源を無駄なく効率よく利活用していかざるを得ません。これまで人間の経済活動と資源の消費量は仲良くカップリングされ、ともに拡

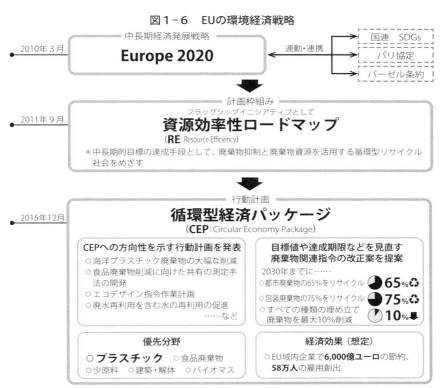

図1-6　EUの環境経済戦略

（出典）経済産業省などの資料を基に作成

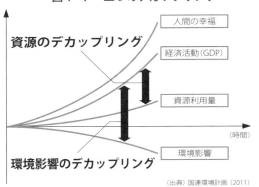

図1-7 二つのデカップリング
(出典) 国連環境計画 (2011)

大・増加を続けてきましたが、これからの世界は資源消費量を減らすか、増やさない経済活動への移行が必須です。このように経済活動と資源消費量を切り離すことが、第一の「資源のデカップリング」です。

世界の人口は2050年には97億人に達すると推計されています。この97億人の経済活動が活発化すれば、環境への負荷も増大します。温室効果ガスの排出量は増加し、海洋プラごみ汚染もさらに深刻化することでしょう。持続可能な環境を維持するためには、経済活動と環境影響を切り離すしかありません。これが第二の「環境影響のデカップリング」なのです。

EUは、この二つのデカップリングを推進する手段としてREという指標を導入、エネルギー、水、天然資源、食料、都市システムのすべてを見直し、3Rはもちろん、シェアリング、**モノのサービス化**などを総動員し、環境影響を最小化しつつ、持続可能な方法で有限な資源を利活用し、資源効率性（RE）を高めることをめざしているのです。

国連SDGs、パリ協定、バーゼル条約とも緊密に連携

環境関連の法令は、EUでも環境閣僚理事会を通過した後に、経済財務閣僚理事会で横やりが入り、たなざらしになることが珍しくありません。しかし、REの方針は経済財務理事会でも反対はなく、すんなり承認されました。これはRE導入をEU経済の競争力強化・雇用創出の切り札と捉えているからではないでしょうか。EUは「将来は国や企業を比

較する際、GDPや売上高ではなく、REが標準的な指標となる」とまで豪語しています。

2016年5月、**国連環境計画（UNEP）国際資源パネル（IRP）**はREに関する報告書を公表、積極的な気候変動対策を進めた場合、既存トレンドでは経済成長がマイナスになるが、RE政策を組み合わせると経済成長はプラスに転じるとして、RE導入方針にお墨付きを与えました。

REを軸とするEUの環境経済戦略は、国連の「持続可能な開発目標（SDGs）」とも連動しています（図1-8）。17のゴールのうち、特に13、14、15に照準が合わされているからです。また、産業革命前からの世界の平均気温上昇を2℃未満に抑えるというパリ協定、汚れたプラスチックごみ輸出を規制するバーゼル条約ともリンクしています。

いまや世界は米中二大国の対立を軸に動いていますが、17世紀科学革命から産業革命を経て近代文明を先導してきたヨーロッパは、プラごみ削減、海洋プラごみ汚染対策を切り口に巻き返しを図り、新たな挑戦に打って出ているのかもしれません。

図1-8　EUの戦略は、国連のSDGsと連動している!?

SDGsとは、Sustainable Development Goalsの略称で、「持続可能な開発目標」のこと。2015年9月、ニューヨーク国連本部に150カ国以上の首脳が一堂に会し、国連持続可能な開発サミットが開かれました。このとき、2015年から2030年までの開発の指針として、「持続可能な開発のためのアジェンダ」が採択され、その核心となる開発目標がSDGsと呼ばれ、17の開発目標と169のターゲット（具体的目標）が掲げられています。

有害化学物質の運び屋 マイクロプラスチックが 世界の海を汚染している!

海鳥の9割、200種以上の海洋生物が 海洋プラスチックごみを摂食している!

　陸から海に流れ出て漂うプラスチックごみの破片が海鳥の胃の中から出てきた――。すでに半世紀前の1970年代初頭に、海鳥の研究者がそう報告しています。赤道を越えて地球上を南北に移動するハシボソミズナギドリ。この鳥の消化管の中から、餌のオキアミ類やプランクトンと区別がつかず誤飲・誤食したプラスチック片が見つかったのです。海鳥の研究者の調査によると、プラスチックを摂食しているハシボソミズナギドリは、70年代には調べた個体の半数でしたが、年々増え続け、80年代には10羽調べると10羽すべてからプラスチックが検出される「飽和」となり、今もこの状態が続いています。ハシボソミズナギドリの消化管に溜まっているプラスチックの量は、1羽当たり約0.6ｇ。鳥の体重は約500ｇですから、体重50kgの人間に置き換えると60ｇのプラスチック片が胃の中に溜まっている計算になります。

　海洋プラスチックごみを摂食しているのはハシボソミズナギドリだけではありません。ある研究者は海鳥の9割が摂食していると推定しており、さらに海鳥以外でも、ウミガメ、クジラ、魚、二枚貝など200種以上の海洋生物が摂食していると見なされているのです。

プランクトンより漂流プラスチックの量が多い プラスチックスープの海!

　プラスチックは全世界で年間約4億ｔ生産され、その半分は容器（レ

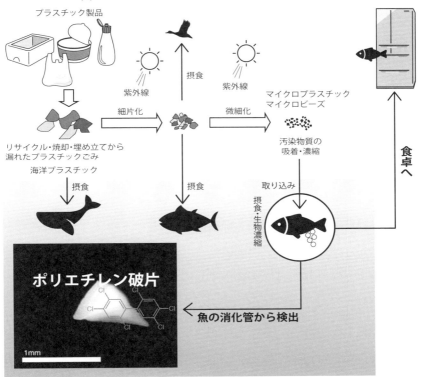

図1-9 マイクロプラスチック汚染の発生プロセス

ジ袋・ペットボトル・食品トレイ・コンビニの弁当箱等）や包装などの使い捨て（ワンウェイユース）プラスチックとして使われています。使用済みのプラスチックはごみとなり、分別・収集・リサイクル・焼却・埋め立てなどの処理が施されますが、問題はこうした処理から漏れたプラスチックです（図1-9）。プラスチックの多くは水より軽く、雨が降ると洗い流されて河川に流れ込み、やがて海にたどり着きます。毎年、海に流入しているプラスチックごみは全世界で毎年800万t（推定）。その一部は風で海岸に打ち上げられ**漂着ごみ**となりますが、また一部は紫外線に当たって劣化したり、波に砕かれたりしてだんだん小片化・微細化していき、直径5mm以下のサイズになったものはマイクロプラスチッ

クと呼ばれています。このマイクロプラスチックが沖合に運ばれ海洋を漂ったり、特定の海域に溜まったり、海底に沈殿したりしているのです。

大量のプラスチックごみが漂っているのは、インドから日本列島にかけてのユーラシア大陸南岸、地中海、黒海など人口密集地帯の沿岸です。また、海流と風の影響で、外洋の中央部の渦流の中には、漂流物が滞留する場所があり、そこにもプラスチックが漂っています。さらには本来の海の主人公・プランクトンの量よりも漂流プラスチックの方が多い「プラスチックスープの海」と呼ばれる海域すらあります。世界中の海を漂流しているプラスチックごみは、少なく見積もっても合計27万ｔ、マイクロプラスチックの数にして50兆個。もはや見て見ぬふりを決め込むことはできない量です。

食物連鎖の頂点に立つ人間も
マイクロプラスチックを食べている！？

直径５mm以下のプラスチックはマイクロプラスチックと総称されていますが、中でも最近、注目されているのが、直径数百μm（マイクロメートル）程度のプラスチックの粒、マイクロビーズです。これは洗顔料や化粧品に配合されていて、洗顔時に使えば排水として下水道に入り海に流れ出ます。

マイクロプラスチックは、海鳥のみならず魚介類など海洋生物も摂食しています。実際、東京湾で釣れたカタクチイワシ、サバなどからも検出され、マイクロプラスチックが体内に蓄積されていることが明らかになっています。

カタクチイワシなどの小魚、貝類は、食物連鎖の「被食－捕食」の関係を通じてより上位のさまざまな海洋生物に捕食されます。これらの生物もマイクロプラスチックなどに**曝露**され、プラごみによる海の汚染は生態系全体に及んでいると見るべきです。食物連鎖の頂点に君臨する人間も魚介類を通じて、マイクロプラスチックを体内に取り込んでいます。

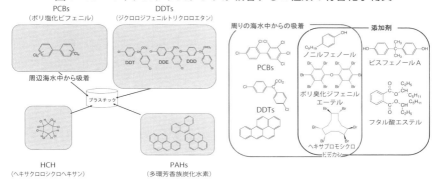

図1-10 マイクロプラスチックが吸着する2種類の有害化学物質

取り込んだとしても、体内に残るわけではありません。マイクロプラスチックは消化されずに排泄されます。

でも、とても気がかりなことがあります。プラスチック製品にはその性能の維持・向上のためさまざまな添加剤が加えられています。プラスチックを軟らかくするための可塑剤、紫外線による劣化を抑える紫外線吸収剤、酸化防止剤、製品同士がくっつかないようにする剥離剤、熱がかかる場所に加える難燃剤……etc.これらの添加剤の中には**環境ホルモン**の作用や生殖毒性を持つものも含まれ、破片となったプラスチックにも残り続けるのです（図1-10）。

東京農工大学農学部の高田秀重教授の研究室では、新潟県粟島のオオミズナギドリのひなを用い、5種類の添加剤を添加したプラスチックを投与して組織への蓄積を調べたところ、臭素系難燃剤などがひなの肝臓、腹腔内脂肪などから検出され、研究チームの田中厚資氏は「プラスチックによる添加由来化学物質の曝露は海鳥への化学物質曝露において、新しい重要な経路になっている可能性がある」と結論づけています。

1gのマイクロプラスチックが海水1t分のレガシー汚染物質を吸着・濃縮する！

海水中のマイクロプラスチックが有害化学物質の生体への運び屋にな

っていることも大きな懸念材料です。

　海水中には極めて低濃度ながら、残留性有機汚染物質（POPs）と呼ばれる有害で自然界では分解されにくい化学物質が溶けています。また海底の泥の中には、PCBs（ポリ塩化ビフェニル）など現在は使用禁止になっていますが、過去に投棄された際の汚染物質、いわゆるレガシー汚染物質が溜まっています。これらの汚染物質は油になじみやすく、生体に取り込まれると脂肪に高度に濃縮される生物濃縮という現象が起こります。また、石油製品の**ナフサ**が原材料で固体状の油ともいえるプラスチックは、海水中から汚染物質を吸着し濃縮していきます。プラスチックは周りの海水に比べ約百万倍の汚染物質を濃縮し、プラスチック１ｇは海水１ｔ分の汚染物質を濃縮するとさえいわれているのです。こうして汚染物質を吸着したマイクロプラスチックを魚介類が摂食して生物濃縮し、それが調理され私たち人間の食卓に並ぶ……。なんだかぞっとするような光景です。

　すでに太平洋西部のマリアナ海溝の水深１万ｍ超の海底で採集された甲殻類の体内から高濃度のマイクロプラスチックが検出されています。また、ベーリング海で捕獲されたハシボソミズナギドリでは、消化管の中のプラスチック量が多い個体ほど、脂肪中のPCBs濃度が高くなる傾向も認められているのです。

　しかし、青く澄んだ海を取り返すための挑戦も始まっています。東京農工大学の高田教授の研究室は2017年から18年にかけて沖縄県座間味島で、100μmよりももっと小さなマイクロプラスチックも含め水棲生物の消化管内の微細プラスチック分析法の研究を進め、さらに座間味島ニタ海岸、阿嘉島ニシハマビーチで、イソハマグリなど海岸生物へのPCBs等プラスチック経由の有害化学物質の曝露と蓄積について、精力的に調査しています。海洋プラごみ汚染の全体像をつかみ、メカニズムを解明する──。ポスト・プラスチックの未来をめざす科学者たちのたゆまぬ探究が続けられているのです。

chapter 02

プラスチック
その不都合な現実

chapter02 05 プラスチック その性質と構造がわかれば不都合な現実が見えてくる！

熱可塑性と熱硬化性の2種類のプラスチックがある

　家の中、会社や学校、コンビニやスーパー、病院、農場……。私たち現代人の生活のどんな場所でもプラスチックが使われています。でも、このプラスチックとはどんな物質でしょうか？（図２－１）

　プラスチックは「合成樹脂（synthetic resin）」とも呼ばれ、もともと自然界にはなかったものです。樹木の樹皮にナイフで傷をつけると、樹液がにじみ出てきます。これも樹脂の一種で、「天然樹脂」と呼ばれています。この天然樹脂を模して、人間が化学的に合成したのが合成樹脂なのです。初めてできたプラスチックは茶色っぽく透き通っていて、樹液に似ていました。

　プラスチックという言葉は、「成型できるもの」を意味するギリシア語の「plastikos」に由来しています。これが英語の「塑性（plasticity）」、熱や圧力を加えていろんな形にできるという意味に変わり、そのような性質を持つ合成樹脂を「プラスチック」と呼ぶようになったのです。

　その名のとおり、プラスチックは熱を加えると軟らかくなって形が変わり、冷ますと形がそのまま残る性質があり、この性質を持つプラスチックを「熱可塑性樹脂」といいます。

　ところが、プラスチックには熱を加えると不可逆的な化学結合をして硬くなり、二度と軟らかくならないものもあるのです。これは熱可塑性樹脂に対し、「熱硬化性樹脂」といいますが、プラスチックとは形を自在に変えられるという意味ですから、厳密には熱硬化性樹脂はプラスチ

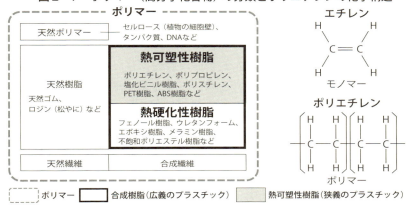

図2-1　ポリマー（高分子化合物）の分類とポリエチレンの化学構造

ックとは呼べないのかもしれません。

ちなみに、熱可塑性樹脂は何回も新しい形に成型できるので、リサイクルで別の製品を作れますが、ダウンサイクルといって、通常品質が低下します。また、熱硬化性樹脂は加熱すると焦げて破損し、新しく成型できないのでリサイクルできず、耐用年数が過ぎると廃棄物になってしまいます。

分子が鎖状にたくさん結合した物質

物質を細かく分割していくと、「分子」にたどり着きます。分子と元素は、さらに小さな原子でできていますが、そこまで分けると物質の性質が失われてしまいます。例えば、水の分子は酸素原子1個と水素原子2個、計3個の原子でできていますが、水の分子をさらに原子まで分けると、それはもはや水の性質を持たない、ただの酸素と水素でしかありません。

プラスチックは、この分子が鎖状にたくさん結合（重合）している物質です。レジ袋などで広く使用されている「ポリエチレン」の化学構造を見てみましょう。

ポリエチレンは「ポリ」と「エチレン」をつなげた名前ですが、ポリ

は「たくさん」という意味で、「モノマー（単量体、モノは一つの意味）」のエチレンがたくさんつながった「ポリマー（重合体）」であることを示しています。

　エチレンは炭素原子2個と水素原子4個が結びついてできる分子ですが、2個の炭素原子にそれぞれ2個ずつ水素原子がくっつき、炭素原子同士は2本の手でつながっています。この2本の手の1本を放して、隣のエチレンと手を結ぶと長いポリエチレンになるわけです。

　こうして、エチレンが数百個から数万個も重合して、一つのポリエチレン分子ができています。そして、このように大きな分子を「高分子」と呼びますが、プラスチックは桁外れに分子量が大きく、数万から数十万個、あるいはそれ以上ともいわれています。

　また、エチレンの水素原子の代わりに、フェニル基（亀の甲の形をしたベンゼンがぶら下がったもの）を重合してポリスチレン、塩素原子がぶら下がったものを重合して塩化ビニル樹脂を合成することができます。さらにエチレンとは異なるプロピレンという分子を重合していくと、ポリプロピレンというポリマーができるのです。このように、プラスチックは目的に合った高分子を作りやすい使い勝手のよさも備えています。

自然界では分解できない物質
添加剤にもレッドカード！

　ここで、プラスチックの性質を整理しておきましょう。まず、プラスチックには熱可塑性と熱硬化性という、相反する性質があります。そして電気を通さない（絶縁性）、水に強く（疎水性）腐食しにくい、比較的熱に弱い、油に溶けやすい（親油性）などの性質もあります。また、軽くて丈夫、透明なものも多い、加工しやすく、何よりも経済性に優れているといったメリットを挙げる人も大勢いることでしょう。

　でも忘れてはならないのは、プラスチックは私たち人間が石油などを原料にして作り出した、自然界にはない物質だということです。プラス

チックを分解してくれる微生物はどこにもいませんから、土に埋めておけばいずれ消えてなくなるわけではないのです。発泡スチロール製の容器は、消えてなくなるまで数千年かかり、その間、水と土壌を汚染し続けるという指摘もあります。

　図2-2に原油採掘からプラスチック製品製造までのフローを示していますが、ここでとても心配なのは、ポリマーからプラスチック原料製造に移る段階で添加剤が配合されていることです。加工しやすさ、軟らかさ、頑丈さ、色、紫外線防止など、さまざまな製品特性に応じて添加剤が加えられています。その種類たるや可塑剤、芳香剤、着色剤、硬化剤、安定剤、難燃剤、発泡剤、防カビ剤、抗菌剤、そして容量を増やすための充塡剤にまで及ぶというのです。

　これらの添加剤はポリマーと化学結合していないので、プラスチックから簡単に漏出します。特に要注意なのは食べ残しをプラスチック容器に詰め、電子レンジでチンすること。溶け出した添加剤があなたの口に入るかもしれないのです。すこぶる便利で経済性抜群。でも使い方次第でとんでもない厄介者。それがプラスチックなのかもしれません。

図2-2　プラスチック製品ができるまで

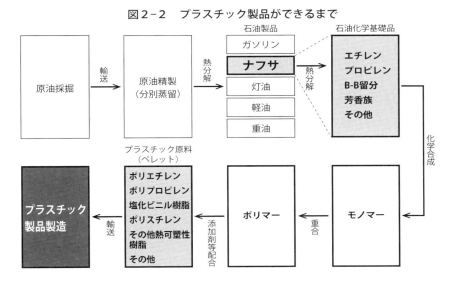

chapter 02　プラスチック──その不都合な現実　039

chapter02 06 プラスチックの種類と用途──日本の暮らしと産業の隅々まで浸透している！

半合成から
文字どおりの合成樹脂へ

　プラスチックは人間が作り出した化学物質ですが、いつ、誰が発明したのでしょうか？　一説にはドイツの化学者シモンが1839年に、発泡スチロールのトレイなどに使われているポリスチレンの合成に成功したといわれています。

　1869年には、アメリカ人のハイアット兄弟が、ニトロセルロースと樟脳を混合して、薄く伸ばしたり、成型して固めたりできる「セルロイド」を発明、それまで象牙製だったビリヤードのボールをはじめ、シャツのカラー、写真のフィルム、ピアノの鍵盤などに広く用いられましたが、植物のセルロースが原料でしたから、まだ「半合成プラスチック」としか呼べないものでした。

　天然素材を使わず、100％人工的なプラスチックの合成に初めて成功したのは、アメリカ人化学者ベークランドです。彼は1907年、フェノール（石炭酸）をホルムアルデヒドに混ぜ、熱と圧力を加えた、フェノール樹脂を開発、「ベークライト」と名付けました。この新素材は加熱して成型できますが、冷めると硬くなり、もう形を変えることはできません。そう、プラスチック第一号は熱硬化性樹脂だったわけです。

日本では1950年前後から
プラスチック時代が始まる

　日本でも1910年代半ばからフェノール樹脂の工業生産が始まります

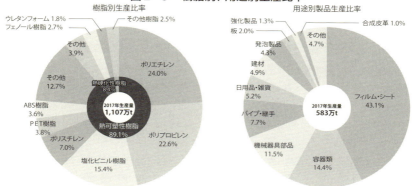

図2-3　樹脂別、用途別生産比率

（注）樹脂別と用途別製品の生産量が異なるのは、後者は従業員50人以上の事業所の製品で、二次加工品などが除外されているため。
出典：「プラスチックリサイクルの基礎知識2018」（一般社団法人プラスチック循環利用協会）

が、世の中にプラスチック製品が広く出回るようになったのは戦後の1950年前後から。その一番手は塩化ビニル樹脂でした。

　塩化ビニル樹脂はとても硬い樹脂ですが、加熱して可塑剤などを加えると、フィルムやラップフィルム、ホースなど軟らかい製品から、パイプやシート、ボトルなど硬い製品まで、常温でさまざまなものを作ることができます。当時は高価な輸入素材でしたが、色鮮やかなレインコート、ベルト、ハンドバッグなどが人気を博し、「ビニル」がプラスチックの代名詞になったほどです。

　でも塩化ビニル樹脂には耐熱温度が低い、油に弱いなどの欠点があり、また57年からポリスチレン、58年にはポリエチレン、62年ポリプロピレンなどの国産化が始まったこともあり、そうした新素材に主役の座を明け渡し、シェアを落としていきました。

フィルム・シート、容器類向けが生産量の5割近くを占める！

　日本産業規格（JIS規格）には130種類近くのプラスチックが登録されていますが、これらはまずその性質から熱可塑性樹脂と熱硬化性樹脂に分けられ、熱可塑性樹脂はさらに汎用プラスチックとエンジニアリン

chapter 02　プラスチック──その不都合な現実　041

グプラスチック（スーパーエンジニアリングプラスチックと呼ばれるものもあります）に分類されます。

　また、プラスチックの年間生産量は約1,107万ｔ（2018年）で、生産比率の高いプラスチックは、ポリエチレン、ポリプロピレン、塩化ビニル樹脂、ポリスチレン、ポリエチレンテレフタレート（PET樹脂）、ABS樹脂、フェノール樹脂などとなっています（図２－３）。

　では、これらのプラスチックは、どんな用途で使われているのでしょうか？　上位を占めるのは、フィルム・シート（43.1％）、容器類（14.4％）、機械器具部品（11.5％）、パイプ・継手（7.7％）、日用品・雑貨（5.2％）、建材（4.9％）、発泡製品（4.3％）などです。

　目を見張るのはフィルム・シート、容器類だけで５割以上を占めていることですが、この中にはもちろん、レジ袋やペットボトル、弁当やお菓子、ケーキ、カップ麺などの容器が含まれています。私たちは、こうした手軽で便利なものを使い捨てることで、プラスチックごみを増やし、海洋プラごみ汚染に手を貸すことになるのです。

日本の産業界の
屋台骨を支えている !?

　プラスチックは産業界でも広く使われています。例えば家電業界で製造されているテレビなどの液晶ディスプレイ（LCD）。あれは偏光フィルム、位相差フィルム、バックライト用拡散板など複数の樹脂を重ね合わせたもので、電子部品・電子回路・ハウジング部分にもプラスチックが用いられています。

　また、自動車のガソリンタンクは複数のプラスチックを何層も重ね合わせて燃料の透過を防ぎ、複雑な形でも成型が可能で車内空間の拡大や軽量化にも大きく寄与しています。

　そして病院など医療の世界でも、プラスチックはなくてはならないものです。点滴で使う栄養輸液や人工透析用製剤の容器には、耐熱性に優

れ加熱滅菌処理ができるプラスチックが使われており、院内感染防止にはプラスチック以外の素材は不向きだともいわれています。

廃プラスチックを原料に新しいプラスチック製品を作るリサイクル技術についても触れておきましょう。このリサイクルは、樹脂の種類がはっきりしていて、汚れや異物が少なく、量的にまとまっている産業系廃プラが主な原料ですが、すでに道路の中央分離帯、マンホール、パレット、洗面器、風呂いす、そしてボールペン・定規・名札ケース・ペーパーナイフといった文房具類のプラスチック製品として再生利用されているのです。

図2-4　主なプラスチックの種類とその用途

	JIS略語	名称		主な用途
熱可塑性樹脂 / 汎用プラスチック	PE	ポリエチレン	低密度	包装材（袋、食品チューブ用途）、電線被覆、牛乳パックの内張りフィルム
			高密度	包装材（袋、食品容器）、シャンプー・リンス容器、バケツ、洗面器、ガソリンタンク、灯油缶、コンテナ
	PP	ポリプロピレン		自動車部品、家電部品、食品容器、キャップ、トレイ、コンテナ、パレット、繊維、医療器具、ごみ容器
	PVC	塩化ビニル樹脂		上下水道管、継手、雨樋、サッシ、床材、壁紙、ビニルレザー、農業用フィルム、ラップフィルム、電線被覆
	PS	ポリスチレン		OA・TVのハウジング、CDケース、食品容器。発泡PSは梱包緩衝材、魚箱、食品用トレイ、カップ麺容器、畳の芯
	ABS	ABS樹脂		OA機器、自動車内外装品、ゲーム機、室内用建材、エアコン、冷蔵庫
	PET	ポリエチレンテレフタレート（PET樹脂）		ペットボトル、総菜・サラダ・ケーキの容器、飲料カップ、クリアホルダー、絶縁材料、写真フィルム、包装フィルム、
				光学用機能性フィルム磁気テープ
	PMMA	メタクリル樹脂		自動車リアランプレンズ、食卓容器、照明板、水槽プレート、コンタクトレンズ
	PVAL	ポリビニルアルコール		ビニロン繊維、フィルム、紙加工剤、接着、塩ビ懸濁重合安定剤、自動車安全ガラス
エンジニアリングプラスチック	PC	ポリカーボネート		DVD・CDディスク、携帯電話等ハウジング、自動車ヘッドランプレンズ、カメラレンズハウジング
	PA	ポリアミド（ナイロン）		透明屋根材ラジエータータンク等自動車部品、食品フィルム、漁網・テグス、ファスナー、各種歯車
	POM	ポリアセタール		各種歯車、燃料ポンプ等自動車部品、ファスナー、クリップ
	PBT	ポリブチレンテレフタレート		電気部品、自動車電装部品
	PTFE	ふっ素樹脂		フライパン内面コーティング、絶縁材料、軸受、ガスケット、各種パッキン、フィルター、半導体工業分野、電線被覆
熱硬化性樹脂	PF	フェノール樹脂		プリント配線基板、アイロンハンドル、配電気ブレーカー、鍋等のとって・つまみ、合板接着剤
	MF	メラミン樹脂		食卓用品、化粧板、合板接着剤、塗料
	UF	ユリア樹脂		ボタン、キャップ、配線器具、合板接着剤
	EP	エポキシ樹脂		IC封止材、プリント配線基板、塗料、接着剤、各種積層板
	UP	不飽和ポリエステル樹脂		浴槽、波板、クーリングタワー、漁船、ボタン、ヘルメット、釣り竿、塗料、浄化槽

参考資料：「プラスチックリサイクルの基礎知識2018」（一般社団法人プラスチック循環利用協会）

chapter 02　プラスチック――その不都合な現実

プラスチックの製造・使用・廃棄・リサイクルの流れがわかるマテリアルフロー

chapter02 07

国民一人当たり毎年70kg以上使用・廃棄している！

　日本国内で生産されるプラスチックは年間およそ1,000万ｔ。原料・製品としての輸出入分や、製造工程で無駄になってしまう部分も出てくるため、最終的に製品として出回るのは、毎年900万ｔ前後と見積もられています。別の見方をすれば、これだけの量の「いつかは廃棄物として処分しなくてはならないプラスチック」が新しく世の中に出回っていることになります。プラスチックは耐久性が高いことが素材としての特徴であり、使用目的によっては半永久的に利用可能だといわれています。しかしプラスチックを使用する製品、例えば家電や自動車の耐用年数はもっと短く、また食品容器のように使用後すぐごみになってしまうケースも多いため、廃プラスチックになるまでの期間はそれほど長くありません。実際に、生産量とほぼ同じ量の廃プラが毎年回収されています。このように製造、販売、使用・消費、廃棄といった段階を経つつ、プラスチックという「もの」が全体として社会の中でどのように流れていくかを示すのが**マテリアルフロー**（図２－５）です。

　日本の廃棄物回収システムは国際的にも進んでおり、仮に回収したプラスチックをすべて再生資源、つまり新しいプラスチック製品を製造するための原料としてリサイクルできれば、理屈のうえでは年間使用量のかなりの部分をまかなうことができます。しかし現在リサイクルされているのはマテリアルフローで「リサイクル」とされている部分、つまり生産されたプラスチックの４分の１程度に過ぎません。ここから生産・

図2-5　日本におけるプラスチックのマテリアルフロー（2013年）

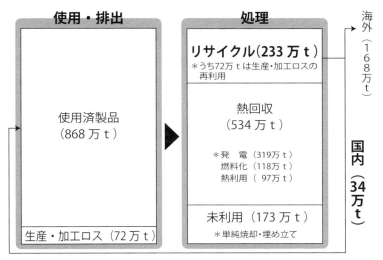

（出典）環境省：マテリアルリサイクルによる天然資源消費量と環境負荷の削減に向けて（平成28年5月）

加工ロス分のように廃棄物として回収されない部分や国外輸出部分を除けば、その比率は1割以下になると推定されます。

日本の使い捨てプラスチック使用量は米国に次いで世界第2位

　廃プラスチック全体の約6割は燃料として利用されており、残りは単純焼却、または埋め立てという形で処理されています。燃料、つまり熱エネルギー源という形で再利用することを「熱回収」と呼び、リサイクルと熱回収を合わせた**有効利用率**が8割以上だというのは国際的に見ても高水準です。しかし熱回収では素材としてのプラスチックは消えてしまうことになり、持続可能な循環型社会への移行という観点から見るとさまざまな問題があることが指摘されています。

　化石燃料資源は有限ですが、熱回収の比率が高ければその分新たな消費が避けられません。また、燃やすということは、プラスチックの原料

である化石燃料に含まれていた炭素が大気中に放出され、年々蓄積されることを意味します。

　リサイクルの海外依存率が高かった点も内外の批判を浴びています。プラスチック廃棄物は名目上「再生資源」として輸出されるため、統計上すべて適切にリサイクルされたものと推定してリサイクル率が計算されていました。しかし、2017年までの最大の輸出先であった中国は廃棄物処理が適切でなく、海洋プラスチックごみ汚染の発生源として世界的に突出した存在であったことを考えれば、それが実状を反映したものであったかどうかは疑問でしょう。またこの状況は国内リサイクル産業を真剣に育成してこなかった結果だともいえます。

　さらに、日本の国民一人当たりのワンウェイ（使い捨て）容器包装廃棄物が世界で2番目に多いことも指摘されています（国連環境計画：2018年）。**ワンウェイ容器**とは、ビール瓶のように使用後回収・洗浄して再度使用する**リターナブル容器**と違い、一度だけ使うことを目的とした容器のことで、ペットボトルがその代表です。100%のリサイクルが非現実的であることを考えれば、使い捨てのプラスチックが大量に生産・使用され、総量が増えていく一方でリサイクル率が向上したとしても、問題の根本的な解決にはなりません。

持続可能な循環型社会を実現する
3つのアプローチ──「3R」

　どのような方向でこの現状を変えていけばいいのかを考える手がかりとしてしばしば用いられるキーワードが「3R」、つまりリデュース（Reduce：発生を抑制する）、リユース（Reuse：再使用する）、リサイクル（Recycle：再生して利用する）です（図2-6）。

　ペットボトルは年々軽量化していますが、これは1本当たりに使用されているプラスチックの量を減らそうという業界の意欲の表れです。レジ袋の代わりに天然素材の**エコバッグ**や、紙袋に切り替えることも、結

図2-6 「3R」によって持続可能な資源の循環が可能になる

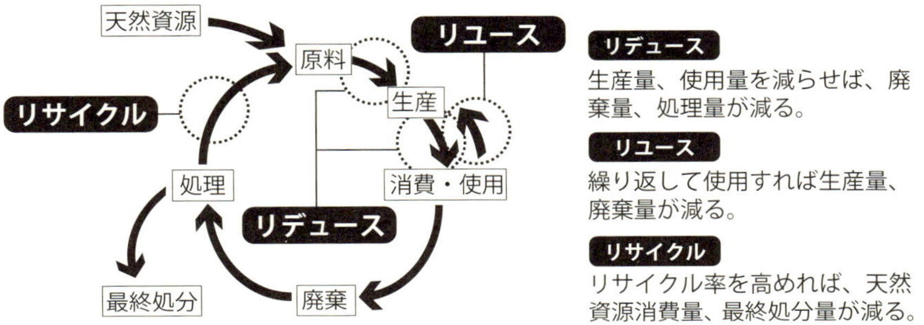

リデュース
生産量、使用量を減らせば、廃棄量、処理量が減る。

リユース
繰り返して使用すれば生産量、廃棄量が減る。

リサイクル
リサイクル率を高めれば、天然資源消費量、最終処分量が減る。

果的に資源の消費を抑え、プラスチック廃棄物処理の負担を軽くする「リデュース」です。

　プラスチックには特に液体容器の素材として有利な点、例えば透明性や耐腐食性があるため、すべてをほかの素材に置き換えるのは現実的ではありません。それならせめて繰り返し使っていこうというのが「リユース」で、例えば、詰め替えパックで補充できるシャンプー容器です。それでも使えなくなれば、一度使用されたプラスチックを原料に戻して再利用しようというのが「リサイクル」で、ペットボトルを原料としたユニフォームの製造などが実現しています。

　必要量、使用量を減らし（リデュース）、使う場合は何度も使えるように工夫し（リユース）、無理なら資源として再生して使用し（リサイクル）、それ以外の方法がないものだけを最終処分するという3Rの考え方に沿って、よりよいマテリアルフローを考えるという基本は今後も変わりません。しかし、ことプラスチックに関していえば、地球温暖化対策や海洋プラスチックごみ問題が焦点となった2018年を境に、今までのやり方を大きく見直す必要性があることが明らかになってきました。容器包装リサイクル法の施行によってプラスチックのリサイクルが全く新しい時代に入ったように、2019年以降はまた新しい時代が始まることになるでしょう。

chapter 02　プラスチック——その不都合な現実　　047

chapter02 08 軽量化、リサイクル率向上、熱回収だけではプラごみの発生抑制は達成できない!

３Ｒ推進のトップランナーだった日本のリデュースへの取り組み

　2004年のサミットで小泉純一郎首相（当時）は「循環型社会づくり」を提案し、世界の先頭に立って**３Ｒ活動**を推進していくことを表明しました。資源に恵まれず埋め立てによるごみ処理が難しい日本は、循環利用の必要性を早くから認識しており、1991年に再生資源利用促進法、2000年に循環型社会形成推進基本法が制定され、2003年には循環型社会形成推進基本計画を閣議決定しています。日本にはきめ細かな廃棄物処理、再利用の文化があり、リサイクル法もスムーズに社会に定着しました。しかし、2018年のＧ７シャルルボワサミットでは海洋プラスチック憲章に署名せず世界の批判を浴びています。どうしてこんなことになってしまったのでしょう。

　日本の３Ｒ活動は、軽量化技術で資源の必要量を減らす、リサイクル率を上げる、熱回収して有効利用率を上げる、といった方法を中心にプラスチック廃棄物のリデュース（削減）に取り組んできました。ペットボトル関連業界は2004年度から2017年度の実績で１本当たり23.9％の軽量化を実現し、温室効果ガスの排出量の増大を抑制したとしています。しかし、この間に出荷本数は1.54倍に増加し、資源の総使用量も温室効果ガス排出量も増加傾向にあります（図２−７）。また、この抑制効果はボトルの製造・供給段階での排出量の推移を示すもので、廃棄処理段階での環境負荷への影響などを考慮していません。さらに、ペットボトル出荷本数は1990年代に急増しており、京都議定書が基準年とする

図2-7　プラスチック製容器・包装のプラスチック使用量と軽量化

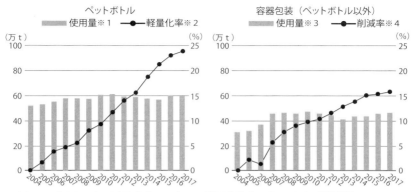

出典：※1：指定ペットボトル販売量〈ただし2004年はPET樹脂生産量〉（PETボトルリサイクル推進協議会）
※2：当該年度のボトル単位重量が2004年度と同じであった場合に使用したと推定できる資源量が軽量化でどれだけ削減できたかを示す指標（PETボトルリサイクル推進協議会）
※3：容器包装利用事業者による排出見込み量（プラスチック容器包装リサイクル推進協議会）
※4：簡易包装化などによって、2004年度時点のやり方であった場合の見込み値に対してどれだけ使用量を削減できたかという容器包装利用事業者の報告を集計した推定値（プラスチック容器包装リサイクル推進協議会）

1990年との比較では環境負荷の大幅な増大が明らかです。

パリ協定で期限が切られた2050年というゴールに向けて

　これに対して、欧州連合（EU）は、2015年に発表した循環型経済パッケージ、2018年のEUプラスチック戦略によって2030年までにすべてのプラスチック製容器包装をリユースまたはリサイクルが可能なものにするという目標を設定しました。また、2018年のG7サミットの海洋プラスチック憲章では2030年までにプラスチック包装の最低55％をリサイクル、またはリユースすることを求めています。EUの循環型経済パッケージと日本の循環型社会形成推進基本計画に方向性として大きな違いはありません。例えばまずリデュースを考え、リユース、リサイクルができない場合の最終手段として熱回収を考える点も同じです。ただ、循環型経済パッケージは、まず使用量削減の数値目標と期限を設定し、リユース、リサイクルできるものだけを例外的に認めるとしています。

化石燃料資源を消費してプラスチックを生産し続ける限り、最終的には温暖化につながるからです。EUはパリ協定に基づき、2050年までに温室効果ガスの発生を実質ゼロにすること（ゼロエミッション）をめざしており、実現のためにはプラスチックの使用量を段階的に減らすしかありません。だからまずは使い捨てのものからなくそうというのです。海洋プラスチック汚染という観点からも、同じような結論になります。プラごみ処理をいくら適正化しても100%にはならずに一部は流出し、いったん流出すればどんどん蓄積して回収が難しくなりますから、根本的な解決にはプラスチックの使用をゼロに近づけるしかありません。

過去の努力の積み重ねだけでなく
未来へのビジョンが問われる時代に

　日本には容器包装リサイクル法があるため、この法律に沿って回収されたプラスチック製容器包装は全量がリサイクルされています。しかし、使用されたプラスチック製容器包装のうち、このルートで処理されているのは一部に過ぎません。特に食品容器は内容物の汚れによってリサイクルしにくいため、かなりの量が焼却されていると言われています。日本容器包装リサイクル協会が回収しているものも、半分は汚れなどの理由でリサイクル不適（残渣）となり、熱回収など別の方法で処理されています。廃プラ全体でみるとリサイクル（材料リサイクル・ケミカルリサイクル）されているものは27%（2017年：プラスチック循環利用協会）で、ここからバーゼル条約改正案で認められていない国外処理分を除けば10%以下になってしまうでしょう。

　プラスチックリサイクルの優等生であるはずの容器包装でさえ実態はこうであるため、国際社会に歩調を合わせられなくなってきていることが、2018年のプラスチック憲章や中国のプラスチックごみ輸入禁止をきっかけに注目されました。トップランナーのつもりであったのが、遅れを指摘されるまでになってしまったのです。2019年のプラスチック

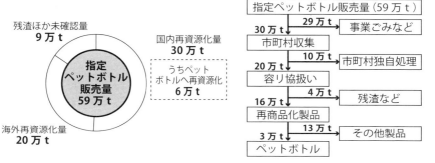

図2-8 ペットボトルの再資源化状況

図2-9 日本容器包装リサイクル協会のペットボトルリサイクル

出典：PETボトルリサイクル推進協議会（2017）

出典：日本容器包装リサイクル協会（2017）

海外輸出分を除いたリサイクル率（国内再資源化量）は51％。このうち20万tを日本容器包装リサイクル協会が再商品化している。最終的にペットボトルの原料として再生利用（ボトルtoボトル）されるのは販売量の約1割の6万tなので、残りの9割を製造するには新たな化石燃料資源の消費が必要になる。

資源循環戦略では、2030年までに使い捨てプラスチック製容器包装を累積25％排出抑制することを目標とするなど、リデュースの推進があらためて強調されています。

プラスチックをリデュースするための一番わかりやすい方法は使わないことですが、ほかにも方法があります。使い捨てカップを例にとると、軽量化する、紙製に切り替えるといった方法もあるでしょう。カップを繰り返し使えるものにする（リユース）、使用後回収して資源として再生利用する（リサイクル）などもリデュースにつながり、どれがベストなのかは使用目的によりけりです。しかしゼロエミッションを最終目標とすると、有効な手段や組み合わせは限られてきます。リサイクルだけではなく、「使わない」「別の素材に切り替える」という方向のリデュースへの取り組みが問われる時代になってきたといえるでしょう。同時に、そうした社会やライフスタイルの変化をビジネスチャンスと捉えることもできるでしょう。

リユースかリサイクルか？ プラスチック製飲料容器の悩ましいトレードオフ

chapter02 09

わかりそうでわかりにくい リサイクルとリユースの関係

　いらなくなったプラスチック製品をリサイクルショップに売って必要な人に買ってもらう――私たちは通常、これをリサイクルと呼んでいます。しかし、正確にはそれはリサイクルではなくリユースです。リサイクルが廃棄物から素材を取り出して再資源化するのに対して、リユースとは元の製品の形や機能を維持したまま再利用し続けること。プラスチックに限っていえばさらに限定的で、いったん溶かして原料としたうえで再利用する場合（**材料リサイクル、ケミカルリサイクル**）だけをリサイクルと呼んでいるのです。

　しかし、現実にはいらなくなったプラスチック製品を処分するときに、できれば売りたいが、無理なら処理費用を払ってもいいから引き取ってほしい、といったケースがよくあります。この場合、その使用済みプラスチック製品はリユースされるかもしれないし、リサイクル、あるいは最終処分（焼却または埋め立て）されるかもしれません。リサイクルショップに持ち込むのか、フリーマーケットやネットオークションを利用するのか、あるいは不要品回収業者に頼むのかでも変わるし、最終的には引き取り手次第です。制度面から見ると中古品の再販と廃棄物のリサイクルでは取り扱うための資格が異なり、リサイクル法は廃棄物のリサイクルだけを想定しているなど、必ずしも３Ｒに沿った形ですっきり整理されているとはいえません。

　その一方で不要品の処分方法は近年多様化し、また利用する機会も増

図2-10 素材の循環とリユースの位置づけ

従来のモデルではプラスチックのライフサイクルにおけるリユースの位置づけが見えにくい。循環型経済のモデルではリユースという副次的な「環」によって、基本的な「環」や、そこから漏れてしまうプラスチックの量が抑えられるといった関係性がよくわかる。

えつつあるという現実があり、日常的な感覚として安易にまとめて「リサイクル」と考えがちな傾向にも無理からぬ面があるでしょう。また、日本社会のこれまでの取り組みが3Rの中でもリサイクルに偏重していたこと、リサイクルが廃棄物処理という枠組みの中で模索されてきたことが実情を理解しにくいものにしてきたという指摘もあります。

リユースの促進で、プラスチックの循環はどう変わるか？

　一方、EUの提唱する循環型経済は、リサイクルだけではなく、再使用（リユース）、共同利用（シェア）、**長寿命化（リペア）**といったさまざまな手段で資源を総合的に無駄なく利用しようという発想です。多量のプラスチックを使用する製品の代表である自動車で考えてみましょう。自動車は中古市場が確立されており、不要になっても別のオーナーによって再利用されるため、リユースがうまくいっている分野だといえます。これに対してカーシェアでは「共同利用（シェア）」という別の形ではあるものの、やはり使用されているプラスチックの価値を廃棄物となる前に最大限に引き出しており、社会全体が必要とするプラスチックの総

量を減らすという意味でリユースと似た効果が期待できます。

　日本でも2018年に閣議決定した第四次循環型社会形成推進基本計画では「ライフサイクル全体での徹底的な資源循環」が重要項目として盛り込まれ、2019年の「プラスチック資源循環戦略」では2035年までにすべての使用済みプラスチックを「リユースまたはリサイクル」することを目標として設定するなど、リサイクルと並んで、また、それ以上にリユースの重要性が強調されています。大きく流れが変わりつつあるのは、リサイクルだけでプラスチック資源を循環させていくのはきわめて難しいという現実認識によるものでしょう。

食品容器にプラスチックを使うと
リユースが難しい！

　しかし、プラスチックには金属、ガラスと違って、リユースの促進によって全体の使用量を減らしていくのが難しい、素材としての事情があるのです。使用済みプラスチックの内訳を見ると、包装・容器の比率が高く、その多くが1回使用されると廃棄物になるワンウェイ包装容器です。使い捨ての便利さを追求した製品ということは、リユースに向かない製品だということを意味します。飲料の容器を例にとると、使用後回収するなら薄くて軽いことが回収コスト、エネルギーの点で有利です。しかし洗浄してそのまま容器として繰り返し使用するリターナブル容器は厚くて丈夫でなければなりません。さらに難しいのは、リターナブル（リユース用）ボトルはリサイクルに向かないだけでなく、ワンウェイボトルとの混在が新たなコストやエネルギーのロスを生んでしまう可能性があることです。

　環境省が2008年に「ペットボトルリユース実証実験」を行った結果、プラスチック製容器の場合、ガラス瓶に比べて完全な洗浄が難しく再利用の際の安全性の保証に疑問が残ること、使用後の回収率や輸送距離によってはかえって環境負荷が大きくなってしまうことが判明しました。

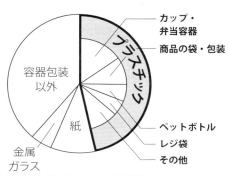

図2-11 家庭ごみに占めるプラスチック製容器・包装廃棄物の割合

全国8都市のサンプル地域でごみステーションに排出された家庭ごみの比率（容量ベース）。容器包装以外のプラスチック廃棄物にはごみ収集袋、繊維などが含まれる。プラごみのほとんどはワンウェイ容器・包装であり、材料リサイクルや熱回収は可能だが、リユースの導入は困難だ。

出典：環境省「容器包装廃棄物の使用・排出実態調査（2018）」

その後10年以上にわたって大きな進展はなく、PETボトルリサイクル推進協議会の最新年次報告書（2018年）でもリユースについて「現状の判断は変わらず」と結論しています。

リユースではなく リユースできる素材への切り替えが必要？

　容器のリターナブル化がうまくいかなかったのは、製造・販売という視点からプラスチックのリユースを実現しようとしたからだともいえるかもしれません。最近、自分用の水筒やコップを持ち歩くマイボトル・マイカップを実践する人が増えています。環境省は2011年に発表した「リユース可能な飲料容器およびマイカップ・マイボトルの使用に係る環境負荷分析について」でステンレス製、アルミ製の水筒なら12回以上使えばペットボトルより炭素排出量が低いとしています。マイボトルは機能的には従来の水筒と変わりません。変わったのはリユースという目的と、それを重視する価値観です。プラごみ対策が大きなテーマだった2019年G20大阪サミットでは、土産として象印マホービンのステンレスボトルが配られました。また、ロシアのプーチン大統領は首脳夕食会に愛用のマイボトルを持参していたことが話題になりました。

10 元のプラスチックに戻し、新たな製品を作る 材料リサイクルにはさまざまな制約がある

別の製品に復活再生させる材料リサイクル

　プラスチック製品を元のプラスチックの状態まで戻し、それを加熱したり圧力を加えたりして成型し、別の製品を作る技術を材料リサイクル（マテリアルリサイクル）といいます。海外でプラスチックのリサイクルといえば、概ねこの材料リサイクルを指し、メカニカルリサイクルと呼ぶこともあります。

　材料リサイクルでは再生利用するプラスチックと同じ種類の廃プラスチックしか原料にできません。また、もし別のプラスチックが混じると品質が低下したり使い物にならなくなるため、注意深く選別し取り除かなくてはなりません。ごみなどの不純物が混じっても同じことなので念入りな洗浄が必要です。とはいえ不純物の完全な除去は難しく、また再生処理の過程で劣化が生じるため、精製された原料から新しく製造するプラスチック（**バージンプラスチック**）と同品質にはなりません。

　そのため、バージンプラスチックに一定量を混ぜて使用したり、元の製品より品質が要求されない別の製品の原料として利用するという方法、**カスケードリサイクル**という形で利用されるのが一般的です。カスケードリサイクルに対して、同じ製品に再生する場合を**水平リサイクル**（レベルリサイクル）と呼びます。資源の循環からいえばこちらが望ましいのですが、そのためにクリアしなくてはならない条件が厳しくなるので限られた分野でしか実現していません。成功例はペットボトルの水平リサイクルで、特に**ボトル to ボトル**と呼んでいます。

図2-12　プラスチックの材料リサイクルが成立するための条件

一般的な条件
- 対象の廃棄物が多量に存在する
- 有用な属性がある
- リサイクル技術が存在する
- 再生品への需要がある
- 経済的な整合性がとれている

プラスチック特有の条件
- ▶**単一の材質**
  異なる種類が混じると品質低下
- ▶**分別が容易**
  形状による識別（例えばペットボトル）など
- ▶**洗浄が容易**
  構造や内容物が不適だと処理コストが増加
- ▶**まとまった量**
  低価格なので、まとまらないと市場価値がない
- ▶**劣化品の需要**
  再生処理による品質低下が避けられない

プラスチックの種類ごとに両方の条件をすべて満たす必要がある

金属やガラスの材料リサイクルにはない プラスチック特有の成立条件

　プラスチックの材料リサイクルには金属やガラスにはない複雑な条件があります（図2-12）。同じ種類の廃プラスチックだけを集める必要があるのはその一例ですが、プラスチックは種類が非常に多く、添加物の配合や調整で用途に合わせた多様な製品が作れることが特徴です。同じ種類のプラスチックだから同じ化学組成だとは限りません。廃棄物としてまとめて回収してからそれを仕分けするのは困難なので、一緒に材料リサイクルできる廃プラだけをまとめて入手できなければ成り立ちません。プラスチック製品の加工工場で発生する端材などは、この条件に当てはまるため、早くから材料リサイクルされています。

　原料の廃プラの入手に問題がなくても、再生品に商品としての魅力がなければ原料として使ってもらえません。ペットボトルや発泡スチロールの材料リサイクルがうまくいったのは、こうしたさまざまな条件をクリアできたからです。条件に合うプラスチックはなるべく材料リサイクルに、そうでないものは別の対策を考えるといった柔軟な考え方が必要になってくるでしょう。

材料リサイクル処理の流れ
——ペットボトルの場合

ペットボトルの材料リサイクルは
選別と洗浄が作業の中心

　一口に材料リサイクルといっても、プラスチックの種類や回収ルートによってやり方は変わってきます。ここでは家庭から排出されるペットボトルについて説明します。自治体が資源ごみとして収集した使用済みのペットボトルは異物を取り除いた後、圧縮して**ベール品**と呼ばれるブロック状の塊にします。ベール品は日本容器包装リサイクル協会を通して再商品化事業者の手で**再商品化**されます。ここでいう「商品」はプラスチック製品の原料のことです。ペットボトルの原料である**PET**（ポリエチレンテレフタレート）は、ナフサから化学合成された後、扱いやすいように**ペレット**（粒）、**フレーク**（薄片）の形状で製品工場に入荷します。再生PETも再生品であること以外は同じにしないと流通や工場での取り扱いが不便になるため、同じ形状に加工して初めて売り物（商品）になるわけです。ペットボトル製造業者はこの原料を使って再商品化製品、つまりペットボトルを製造します。それを仕入れた飲料メーカーが中身を充填し、ラベルを貼ってようやく市場に出回る最終商品になる、という仕組みになっています。

　再商品化事業者が行うのは、簡単にいえば異物の除去、洗浄、粉砕・成型（ペレットの場合）といった物理的な作業なので、大変な手間はかかりますが大がかりな装置は不要です。ただし、ペットボトルの材料リサイクルの場合は、薬品や真空を使って不純物を取り除いたり、素材の劣化を回復するなどの処理も行っています。

図2-13　ペットボトルのリサイクル処理

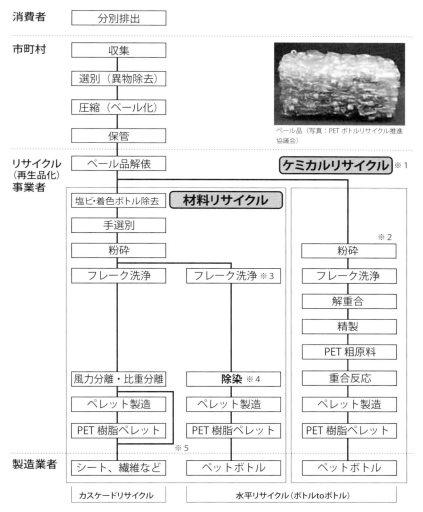

※1 帝人ファイバーが2003年よりアイエス法のケミカルリサイクルを開始したがその後撤退している。
※2 ケミカルリサイクルでは化学分解・合成の際に不純物を取り除くので着色ボトルでも問題ない。
※3 高温水、アルカリによってフレークに**収着**した不純物を削り取る特殊な洗浄を行っている。
※4 高温、真空で汚染物質を吸い出し、高分子に戻すことで劣化を防ぐ特殊な処理を行っている。
※5 販売先の需要があればペレットに成型せず、フレークのまま流通する場合もある。

chapter 02　プラスチック──その不都合な現実　059

chapter02
12

環境負荷、コストを考慮しながら分野・製品別にリサイクルの方法を選ぶ

廃棄物管理には五つの階層がある

　環境問題への対応策として、製品段階では発生抑制、廃棄物となってからはリユース、リサイクル、熱回収という優先順位で処理し、最終処分（単純焼却、埋め立てなど）で必要なものを減らしていくというのが国際的な廃棄物管理の基本です（図2−14）。この階層は同時にどこまで資源を使わずに済むかを示しているともいえます。上の階層であるほど、資源の確保にしても温室効果ガスの排出にしても、有効な対策がとれるのです。といっても用途によってはリデュースやリユースが難しいものもあり、材料リサイクルは重要な手法です。では、もし100％材料リサイクルによって処理できたらすべてうまくいくでしょうか。

　まず問題になるのはコストの問題でしょう。材料リサイクルがうまくいっている分野とそうでない分野がある現状では、単純にいえば選別や洗浄を行うためのコストの違いです。ペットボトルは同じ材質の廃棄物を集めやすく、一般ごみの場合、その収集や選別のコストの一部を自治体や一般家庭が労力として負担することで高いリサイクル率を達成しています。材料リサイクルの対象を広げると、この部分の負担もそれだけ大きくなってしまいます。かといって事業者がビジネスとしてそれをやろうとすると、大きな比率を占める人件費を圧縮するために、安い国でやってもらうということになりがちです。日本が他国に押し付けていたのは「最終処分できない廃棄物」ではなく、少なくとも名目上は再生利用のための資源であった背景には、そうした事情があります。

図2-14　ＥＵにおける廃棄物管理の階層

製品	Prevention	発生抑制
廃棄物	Preparing for re-use	再使用
	Recycling	再生利用
	Recovery	熱回収
	Disposal	最終処分

逆ピラミッドの階層が上であるほど望ましい管理方法であるとされる。ＥＵでは材料リサイクルだけを「リサイクル」と呼んでおり、リユースが不可能な場合にとるべき手段として位置づけています。

出典：EU 廃棄物枠組指令2008（英語版）

　次に問題になるのが材料リサイクルをするたびに再生量が減っていくという点です。不法投棄など回収不能分も発生するし、回収した廃プラは同じ量の再生プラスチックにはなりません。日本容器包装リサイクル協会の材料リサイクルの場合、引き取った32万ｔに対して販売したプラスチック原料は16万ｔです（2018年度）。しかも材料リサイクルでは一般に再生処理のたびに品質が劣化するので、何度も再生するのは難しくなります。期間は延びるとはいえ、近い将来に焼却、埋め立てなど最終処分が必要になり、**温室効果ガス**の発生源になるという点ではリサイクルしない場合と同じです。

　リデュースとの相反の問題もあります。包装用プラスチックの使用量を減らす手段として、まず考えられるのが薄くすることです。それだけでは強度や気密性が不十分なので、違う特性をもつプラスチックの積層化によって同等の機能を実現する技術が近年発達しています。資源消費は全体として減りますが、これでは材料リサイクルができません。紙のような再生可能な素材とプラスチックを組み合わせた**複合素材**の場合も同じことです。

　材料リサイクルの重要性は今後も変わりません。しかし発生した問題を材料リサイクル技術の開発で解決、軽減するという発想だけでなく、材料リサイクルをしなくて済む方法、しやすい方法といった総合的な対策を考えていこうというのが近年の国際的な動向です。

chapter 02　プラスチック——その不都合な現実

プラスチック以前の化学原料まで分解するケミカルリサイクルのメリットとデメリット

プラスチックの化学原料まで分解するから新品同様の再資源化ができる！

　プラスチックのリサイクルは材料（マテリアル）リサイクル、ケミカルリサイクルに分けることができます。簡単にいえば、プラスチックの状態に戻し、新しい製品の原料にするのが材料リサイクル、プラスチック以前の原料にまで戻すのがケミカルリサイクルです。

　材料リサイクルの場合、使用されたプラスチック製品に含まれていた添加物や、容器として使用されたときにプラスチックに染み込んだ内容物などの不純物を完全に取り除くことは困難です。そのため、再生されたプラスチックは石油から新しく製造したプラスチックと全く同じ品質にはなりません。リサイクルを繰り返すと劣化することになるので、循環利用という点で制限があります。また、有害物質の混入などの危険性があるため、食品容器などの用途での利用は規制されており、これをクリアするには何らかの対策を行う必要があります。

　ケミカルリサイクルの場合、**炭化水素油**などプラスチック以前の化学原料の段階まで分解するため、再資源化されたプラスチックは、石油製品のナフサから新しく作る場合と同じだということになり、繰り返し再資源化しても劣化は原理的に発生しません。また万一、回収した廃プラスチックに有害な物質が付着していたとしても、処理の工程で除去しやすいという利点もあります。食品容器に再生資源を用いることは、他の用途とは違う心理面の抵抗が問題になりますが、ケミカルリサイクルならハードルが低くなり、それでも気になるという人はより少なくなるでしょう。

図 2−15　日本のケミカルリサイクル技術の分類

高炉還元剤化	高炉でコークスの代わりに還元剤として利用される。コークスと違って、プラスチックの主要成分は炭素と水素なので、銑鉄生産時の二酸化炭素排出量が少ない。
コークス炉化学原料化	廃プラスチックを圧力下で高温（600度から1,300度）で熱分解し、高炉の還元剤となるコークス、化学原料となる炭化水素油、発電などに利用されるコークス炉ガスを得る。
ガス化	酸素の量を制限して加熱することにより、プラスチックの大部分が炭化水素、一酸化炭素、そして水素になり、メタノール、アンモニア、酢酸など化学工業の原料に利用される。
油化	約400度下で改質触媒を用いて、プラスチックを完全に熱分解し、炭化水素油を得る。
原料・モノマー化	廃プラスチック製品を化学的に分解し、原料やモノマーに戻し、再度プラスチック製品に活用する。

出典：「プラスチックのケミカルリサイクルの動向調査 報告書」（2014年度 経済産業省）

バージンプラスチックや材料リサイクルに比べ
コストやエネルギー消費が課題

　こう考えるとケミカルリサイクルは理想的な方法に見えますが、いったんそこまで分解してまたプラスチックの状態に戻すには石油から製造するよりもたくさんのエネルギーを消費することになります。エネルギーを消費するというのは、その分石油を消費し、二酸化炭素を排出するのと実質的に同じなので、それなら石油から新しく作った方が安いし温暖化への影響も変わらないのではないか、との指摘もあります。また、石油から製造する場合と比べてコストがかかってしまうため、誰がどのような形でその費用を負担するのかという厄介な問題が生じることになります。

chapter 02　プラスチック──その不都合な現実　　063

chapter02 14 日本のケミカルリサイクルはどこまで進んでいるのか？

プラスチックとして再生されるのは処理される廃プラスチックのうち少量に過ぎない

　プラスチック循環利用協会の資料によれば、2017年にはプラスチック廃棄物全体（約930万 t）のうち27％（約251万 t）がリサイクルされ、そのうちケミカルリサイクルが16％の約40万 t です（図 2 –16）。

　一般系廃棄物として回収された廃プラスチックを処理している日本容器包装リサイクル協会の実績（合計28万 t）では、図 2 –17のように多くが**高炉・コークス炉**の還元剤・化学原料として再資源化されており、一部がガス化されています。処理量の多いコークス炉化学原料化では再資源化の際に熱回収（発電）も行っており、それを含めた有効利用率や温室効果ガス削減効果は材料リサイクルよりも高いとされます。また、廃プラスチックの種類や汚れがあまり問題にならないため、材料リサイクルと違って残渣がほとんど出ません。とはいえ還元剤としての使用にこうした利点があるのは、それが実質的には熱回収に近い技術だからです。逆にいえばプラスチックを原料として再生するための技術としての利点はあまり考慮されておらず、高炉還元剤化ではプラスチックの原料を得ることさえできません。またコークス炉化学原料化で得られる化学原料のうち、どれだけの量が廃プラスチック由来のものなのか、そのうち何％がプラスチックに再生されているのかもはっきりしません。

　ガス化、油化、原料・モノマー化は「化学反応によってプラスチック原料を再生する」という本来のケミカルリサイクルの意味に近い技術ですが、油化と原料・モノマー化は日本容器包装リサイクル協会の実績が

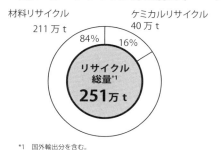
図2-16 リサイクル方法別比率

図2-17 ケミカルリサイクル手法別比率

*1 国外輸出分を含む。
出典：プラスチック循環利用協会（2017年）

*2 日本容器包装リサイクル協会取扱分。
同協会は一般系廃棄物のみを取り扱っている。
出典：日本容器包装リサイクル協会（2017年度）

図2-18 リサイクル製品別内訳[*3]

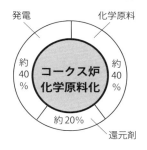
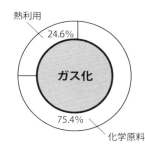

*3 日本容器包装リサイクル協会取扱分（2017年度）
出典：日本容器包装リサイクル協会／新日鐵住金

ゼロです。油化は2010年に事業者が撤退しており、かつてはモノマー化で行われていたペットボトルのボトルtoボトルも2011年以降は材料リサイクルに変わっています。また、ガス化で得られる化学原料は主にアンモニア製造などプラスチック製造以外の用途に用いられています。

　技術的には可能なので一部の分野では利用されているとはいえ、プラスチック廃棄物からのプラスチック原料の再生という意味でのケミカルリサイクルは統計的に比較できるほどの実績がない水準です。今までどおり化石燃料資源から大量のプラスチックを新規製造していくことが難しくなってきた現在、解決手段として期待できるようになるためには、画期的な新技術の開発・普及を待たねばならないでしょう。

chapter02 15 再生プラスチックはどんな製品に生まれ変わるのか？

水平リサイクルが軌道に乗っているのはポリエチレンテレフタレートとポリスチレン

　材料リサイクルには、プラスチックを同じ種類の製品の原料として再生利用する水平リサイクルと、元の製品よりも品質が劣る製品の素材となるカスケードリサイクルがあります。家庭から出るプラスチック廃棄物の中で水平リサイクルが軌道に乗っているのはポリエチレンテレフタレート（ペットボトル）とポリスチレン（食品の白色トレイなど）だけ。また、ペットボトルのうちボトルに再生されるのは２割ほどで、残りはカーペットや卵の容器などにカスケードリサイクルされています。カスケードリサイクルの中でも衣料品など品質に対する要求が比較的厳しい分野では品質劣化がないケミカルリサイクルで再生された合成繊維が使われることが多く、材料リサイクルは限られた分野でしか利用されていません。

容器包装の材料リサイクルの主流はポリエチレンとポリプロピレンの混合

　一般家庭からプラスチック容器包装として回収されている廃プラスチック（ペットボトル以外）はポリスチレン、ポリエチレン、ポリプロピレンを選別し、ポリスチレン以外はカスケードリサイクルしています。主な用途はフォークリフトで物品を運搬する際に使う台（パレット）、建築資材、棒・杭、コンテナなどです。これらのプラスチック製品は、比較的重量があるので多量の原料が必要ですが、色や品質のばらつきが

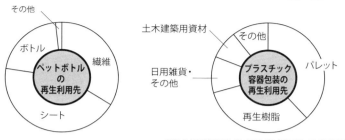

図2-19　材料リサイクルで再生したプラスチックの使い道

出典：日本容器包装リサイクル協会（平成29年4月〜平成30年6月）

多少あっても問題になりません。そこで再生ポリエチレンと再生ポリプロピレンをバージンプラスチックに混ぜて増量することで天然資源の消費を抑えています。ただこの方法で作られた再生プラスチックは繰り返し再生することが難しいため、使用後は焼却するしかありません。

　企業から排出される廃プラの場合は、同じ素材だけ集めることが可能なので、ポリエチレンやポリプロピレンの水平リサイクルも実現しています。梱包に使う気泡緩衝材（ポリエチレン）や黄色いバンド（ポリプロピレン）がその代表です。また、工場でプラスチック製品を製造する際に切り落とされた端材なども水平リサイクルされています。

100%再生プラスチック使用の製品は
意外と少ない

　日常的な感覚としては再生プラスチックを使った製品はもっと増えているはずだと感じるのではないでしょうか。これには再生プラスチックの定義も関係します。製品を製造するときに出たプラスチックの切れ端を溶かし直して作った製品や、廃棄物から再生した原料を一部だけ含んだ製品も「環境に優しい再生プラスチック使用」と謳って販売されているからです。プラスチック容器包装廃棄物として回収されたプラスチックを100%使った製品は、特定の分野以外ではほとんど流通していないのが実情だといえるでしょう。

chapter02 16 焼却し熱回収する サーマルリサイクルは リサイクルと呼べるのか!?

熱回収は
リサイクルかリカバリーか？

　日本では「**サーマルリサイクル（熱回収）**」をリサイクルの柱として位置づけています。３R推進協議会はリサイクルを「廃棄物等を原材料やエネルギー源として利用すること」と定義していますが、海外では熱回収を「**リカバリー**」と呼んで、リサイクルとは区別しています。環境問題への対応策として両者を視野に入れる必要があるとする点では同じですが、国際的に地球温暖化対策を進めていくための指標として、**リサイクル率**、リカバリー率を検討する際に、日本が両方を合計したデータしか持ち合わせていないのでは困ります。循環型社会形成推進基本計画では「循環産業の海外展開」として効率的な発電能力のあるごみ焼却炉技術などの海外展開を考えています。国内で「サーマルリサイクル技術」と呼ぶものを海外で「リカバリー技術」として売るのでは、これも不都合でしょう。そのため近年では国内でもリサイクル率を「有効利用率」という用語に置き換え、サーマルリサイクルを熱回収としてリサイクルと区別することが多くなってきました。

ヨーロッパは使い捨てプラごみ削減に
シフトしている

　図２-20でわかるように、ヨーロッパでは有効利用率が100％近い国が全体の３分の１近くある一方で、50％を切っている国も同じくらいあります。ただし、有効利用率の高い国は概ね廃棄物の排出量が多い国

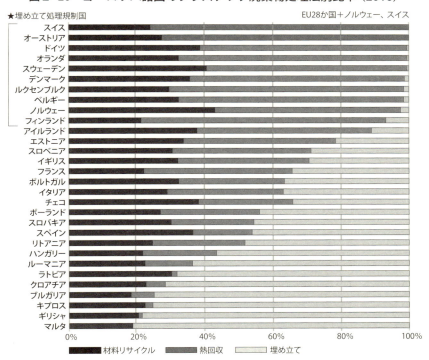

図2-20 ヨーロッパ諸国のプラスチック廃棄物処理法別比率（2016）

出典：Plastics - the Facts 2017, PlasticsEurope

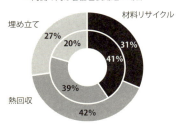

図2-21 廃プラ処理方法別比率 ヨーロッパ平均値（2016）
※内側の円は容器包装用途の場合

出典：Plastics - the Facts 2017, PlasticsEurope

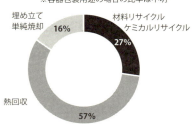

図2-22 廃プラ処理方法別比率 日本（2016）
※容器包装用途の場合の比率は不明

出典：プラスチック循環利用協会

諸説あるが、日本のプラスチック製容器包装の年間排出量は約500万 t 前後と推定されており、このうちペットボトルを含む約85万 t を日本容器包装リサイクル協会が材料リサイクル、ケミカルリサイクルで処理している。

chapter 02 プラスチック——その不都合な現実　069

でもあるので、有効利用率の全体平均は7割強です（図2−21）。面白いのは有効利用への取り組みが遅れている国でも一定のリサイクル率を達成していることです。EUは加盟国にプラスチック製容器包装のリサイクル率を22.5％以上にすることを求めており（欧州廃棄物枠組指令）、容器包装のリサイクル率はプラスチック廃棄物全体を大きく上回っています。厳密な廃棄物管理が難しい国で使い捨てプラスチック製品が大量に使われるようになることは環境汚染の一因ですが、ヨーロッパではこの10年間にリサイクル、熱回収の比率が高まるのに比例して埋め立てが減っており（−43％）、着実な成果が出ているようです。

　日本は廃棄物の資源としての活用や、最終処分する廃棄物の減量に早くから取り組んできました。統計の条件が違うので単純に比較はできませんが、おおまかにいえばヨーロッパの先進国型に似た比率で、熱回収の割合がやや高いという傾向です（図2−22）。大きな違いは容器包装への対応でしょう。日本の場合、家庭が排出するプラスチック製容器包装はリサイクル法によって制度上100％リサイクル（再生利用）されることになっています。実質的な比率は不明ですが、ヨーロッパ平均の41％より高いかもしれません。ただし、容器包装リサイクル法によって処理されているのは全体の一部です。事業系廃棄物としてどれだけの使い捨て容器包装プラスチックが排出され、そのうちどれだけがリサイクルされているかについては信頼できる統計資料がありません。

きめ細かな熱回収が日本のお家芸。
選択肢の一つとしても必要

　化石燃料を原料とするプラスチックはそれ自体が燃料として優れている特殊な廃棄物です。日本はそこをうまく活用する方向に特に力を入れてきました。廃プラスチックの熱回収は大きく分けてごみ焼却熱利用、ごみ焼却発電、燃料化の3分野で行われています。このうち最も比率の高い発電は、ごみ焼却施設を火力発電所として利用するという発想です。

2017年度の総発電能力2,089MW、総発電電力量9,207GWhは295万世帯分の電力に相当しますが、現状では発電効率は良好であるといえないようです。熱利用は、焼却施設に温泉施設などを併設し、その熱源に利用するといった方法です。燃料化は廃プラスチックを加工して固形燃料化する技術で、石炭、コークスなどを燃料として使っていた施設が代替品として利用できます。つまり、その分だけ化石燃料の消費を減らせます。

　熱回収処理は焼却を伴うため、エネルギーの節約だけでなく、廃棄物の最終処分量を減らせる（埋め立て地の節約）という利点もあります。家庭から出るプラスチック廃棄物の過半数を占める飲料・食品容器、弁当箱、カップ類などの使い捨てプラスチック容器包装は、ペットボトルやスチレン製トレイなどの例外を除けば、材料リサイクルが困難です。こういった「汚れたプラスチック」がいったん発生したら熱回収以外に現実的な処理方法がありません。

当面の問題の先送りだけでなく
あるべき未来への想像力が問われる時代に

　しかし資源（プラスチック）の循環や環境という視点では違う見方もできます。燃やせばそこで循環は止まり、確実に温室効果ガスの排出になってしまうからです。プラスチック廃棄物を燃料として再生して発電に利用したからといってリサイクル、再生可能エネルギーだとはいえません。

　現在のように日本で熱回収が重視されるようになったのは、高度成長期に表面化したごみ処理問題、エネルギー問題への対策として出発しているからで、循環型社会のあるべき姿を実現する手段として長期的な視野のもとに選択されたわけではありません。石油由来の燃料（プラスチック廃棄物）による火力発電という手法が、京都議定書やパリ協定の精神と調和するかどうかを、原点に返って考えるべきでしょう。

プラスチックの熱回収はダイオキシン発生につながる？

最新のごみ焼却施設では
高温連続焼却の採用でダイオキシン発生を抑制

　1980年代に入って都市ごみ焼却炉の焼却灰、煤塵に含まれる**ダイオキシン**という有害化学物質が社会問題化しました。ダイオキシンは廃棄物に含まれているのではなく、塩素を含む廃棄物の焼却時の化学反応によって発生すると考えられています。塩素は食塩、漂白剤などにも含まれるありきたりな元素ですが、その発生源は当初、塩化ビニルなどのプラスチック廃棄物が原因だと考えられていました。しかし研究の結果、ダイオキシンの発生は何を燃やすかよりも、どのような条件で焼却するかに左右されることが判明したのです。ダイオキシンは不完全燃焼すると発生しやすいため、対策済みのごみ焼却炉では800℃以上の高温で24時間連続焼却した後、急冷却して再合成を防止し、さらに濾過式集塵機や触媒反応塔といった装置でダイオキシンを除去、分解しています（東京都二十三区清掃一部事務組合『ごみれぽ23 2019』）。2000年から排出基準を定めたダイオキシン類対策特別措置法が運用開始されたこともあり、その後は問題のない水準で、むしろ今後は高温燃焼の副産物である窒素酸化物の増加が問題になるという見方もあります。

資源の有効利用率は向上するが
維持コストも増大

　東京都の場合、2008年までプラスチック類を不燃ごみとして埋め立てていました。当時の焼却炉が、生ごみなど燃えにくいものが中心だっ

図2-23　ごみ焼却施設の排ガス対策

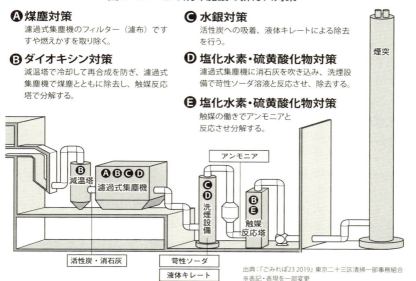

❹ 煤塵対策
濾過式集塵機のフィルター（濾布）ですすや燃えかすを取り除く。

❺ ダイオキシン対策
減温塔で冷却して再合成を防ぎ、濾過式集塵機で煤塵とともに除去し、触媒反応塔で分解する。

❻ 水銀対策
活性炭への吸着、液体キレートによる除去を行う。

❼ 塩化水素・硫黄酸化物対策
濾過式集塵機に消石灰を吹き込み、洗煙設備で苛性ソーダ溶液と反応させ、除去する。

❽ 塩化水素・硫黄酸化物対策
触媒の働きでアンモニアと反応させ分解する。

出典：『ごみれぽ23 2019』東京二十三区清掃一部事務組合
※表記・表現を一部変更

た時代に建設された低熱量炉であったため、プラスチックを焼却すると高温になりすぎて傷む恐れがあり、また有害物質の排出に十分な対策がとられていなかったからです。その後ごみ焼却炉の更新が進んだため、現在は可燃ごみとして処理していますが、分別回収や保管は区ごとの負担となるため、その財政状況などによって方式はまちまちです。

　こうした大型の最新鋭ごみ焼却炉は処理量300ｔ／日として建設費が150億円、耐用年数に相当する20年間の人件費、点検補修費が100億円以上かかると試算されています。また現在、日本が排出している年間1,000万ｔ前後のプラスチック廃棄物を事業系の廃棄物も含めてすべてこの規模の施設で処理しようとすると、単純計算で100炉以上、実際にはもっと必要になります。現在と同じ量のプラスチックを焼却し続けることは、20年ごとにこういったコストを背負うことを意味します。高度成長の時代とは違った、低エネルギー分散型のシステムへの移行にも取り組んでいくべきでしょう。

容器包装リサイクル法と拡大生産者責任 リサイクルの費用を負担するのは誰？

製造業者と市町村・消費者が負担を分担するという原則

　プラスチックの再生コストは一般にバージンプラスチックの価格を上回るため、誰かが再生コストを負担するか、使用を法的に強制しない限り、製造業者は再生品を使いません。容器包装リサイクル法では、再生コストのうち回収、分別を市町村、再生処理にかかる部分を製造業者が負担することで、価格競争力のある再生プラスチックを製造できるように定めており、これを「**指定法人ルート**」と呼びます。

　リサイクル業者の立場からいえば、なるべくきれいな状態で納品されることが望ましいのは当然です。しかしすべての資源ごみがその状態で排出されるわけではない以上、きれいな状態にしようとすればするほど市町村の負担が増えます。その一方で、もしそこまで高品質な状態にしてくれるなら指定法人ルートより高く買い取りたいとか、分別作業も引き受けるから低品質でかまわないというリサイクル業者も存在します。このため市町村が回収・分別したペットボトルの約3分の1は「**独自ルート**」と呼ばれる指定法人ルート以外のルートで処理されています。

拡大生産者責任を求めると消費者、市町村の負担割合が増える！

　容器包装リサイクル法制定時には、製造業者がリサイクル業者に廃ペットボトルを引き取ってもらうには処理費用（委託費用）を払う必要がある状況でした。しかし再生資源の国際価格が上昇し、2006年以降は

図2-24 ペットボトルのリサイクルルート

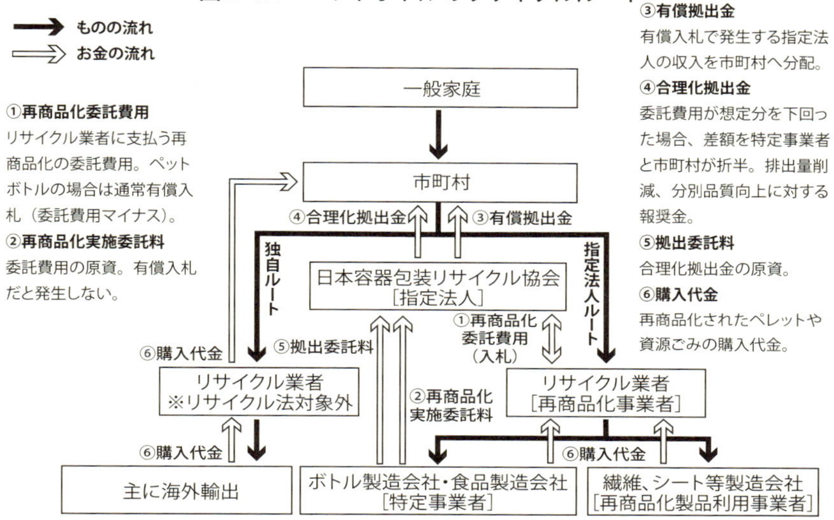

出典：日本容器包装リサイクル協会、PETボトルリサイクル推進協議会

委託費用がマイナス、つまりリサイクル業者がお金を払うようになりました。一方、市町村には分別収集のため約250億の費用が発生していると推定されます。これでは不公平なので、現在は支払わなくても済んだ委託料の一部を分別作業合理化の報奨金（合理化拠出金）として市町村に支払うなど是正が図られています。このような制度と実情の不一致が、指定法人ルートの不徹底や国内再生処理産業が順調に成長しない原因です。

　容器包装リサイクル法がペットボトル製造業者、飲料製造販売業者などにコストの一部負担を求めるのは、製造業者には製品の廃棄やリサイクルについても責任があるとする「**拡大生産者責任（EPR）**」という考え方に基づくものです。容器包装リサイクル法は日本で初めてEPRを導入した法律で、その後の日本社会のリサイクル意識に大きな影響を与えました。しかしその象徴ともいえるペットボトルでさえ、当初想定していなかった問題に直面しており、EPRの原点に立ち戻って、見直しに向けた議論の必要性を指摘する声が高まっています。

chapter 03

ポスト・プラスチック社会の模索の中で

国連のアジェンダSDGsは循環型社会への転換を求めている！

chapter03 19

17の持続可能な開発目標と指針を2015年に国連で採択

　2015年の国連総会で「我々の世界を変革する：持続可能な開発のための2030アジェンダ」、つまり2030年までに国連加盟国が進めるべき開発のあり方についての行動計画が採択されました。Sustainable Development Goalsの頭文字からSDGsと略称されるこのアジェンダは、17の目標とそれを実現するための169の具体的な指針を掲げています。

　SDGsではプラスチックについて直接言及していませんが、「2020年までに、合意された国際的な枠組みに従い、製品ライフサイクルを通じ、環境上適正な化学物質やすべての廃棄物の管理を実現し、人の健康や環境への悪影響を最小化する（12.4）」「2030年までに、廃棄物の発生防止、削減、再生利用及び再利用により、廃棄物の発生を大幅に削減する（12.5）」といったプラスチックのリサイクルや廃棄物処理に関係する項目が含まれています。また、再生可能エネルギーへの転換（7ａ）、経済成長率の持続（8.1）、サプライチェーンにおける食料損失の減少（12.3）といった目標も今後のプラスチック利用のあり方を考えるうえで重要でしょう。

　SDGsの目標はどれも多くの人が支持できるものでしょう。難しいのは、その中のある目標を達成しようとすることが、別の目標の達成と矛盾する点です。例えばプラスチックを、石油を原料とするものから植物由来のバイオマス資源に切り替えることは、持続可能な社会をめざす11番目や気候変動への対策を訴える13番目の目標を達成する手段とし

て有効なのは明らかです。しかし、原料になるサトウキビの増産のために森林を伐採したら自然環境の保護をめざす15番目、耕地を転用すれば食料生産の安定をめざす2番目の目標に反してしまいます。

　営利企業が12番目の製造者責任を果たしていることをアピールするために、原料のバイオマスプラスチックへの切り替えを行うといった場合には結果としてこういった矛盾が発生しがちです。そうならないようにするには全体に目を配り、特定の目標だけでなく17の目標すべてに合致したものであるかどうかを厳しくチェックする必要があります。

達成目標の数値化、ロードマップ作成が目標達成のための第一歩

　ヨーロッパ諸国は、まずEU（欧州連合）がSDGsの目標達成のための全体的な方針（EUプラスチック戦略など）や目標値を決め、各国が自国の事情に合わせた方法でEUが要求する目標の実現に取り組んでいます。例えば先進国の中ではプラスチック有効利用への取り組みが遅れていた**英国**は**環境NGO**であるWRAPがまとめたロードマップ、英国プラスチック協定（UK Plastic Pact）に沿って施策を進めるとしています。この協定では2025年までに「不必要な使い捨て容器包装の全廃」「容器包装の100％をリユース、材料リサイクル、堆肥化可能に」「容器包装の70％の材料リサイクル、堆肥化による有効利用」「全プラスチック製品の30％の材料リサイクルによる有効利用」といった目標を設定しています。

　SDGsは加盟国すべてに持続可能な社会の実現に向けて10年計画を実施することを求めており（12.1）、2018年前後から各国の施策方針が発表されています。日本のプラスチック資源循環戦略もその一つですが、2030年時点での達成目標やその評価基準、そこまでのロードマップが明確化されていない点が特徴的です。2020年までにそれをどのような形でまとめ、どのような目標を選択するかが、日本の未来を大きく左右する緊急の課題だといえるでしょう。

chapter03
20
世界のプラスチック消費から
見えてくる2050年の海

未来からの衝撃——2050年の海は
魚よりプラスチックの量が多くなる！

　プラスチック利用に対する認識が大きく変わるきっかけとなったのは
世界経済フォーラム（通称ダボス会議）で2016年に発表された報告書「新
プラスチック経済：プラスチックの未来を再検討する」でした。この報
告書では現在までの世界のプラスチック利用状況から、このままのペー
スでいけば2050年には海洋中のプラスチックの総量が重量ベースで魚
の量を超えると予測しています（図３−１）。プラスチックの生産量が
現在の約３倍と見積もられているのに、海洋中のプラスチックの比率が
それ以上のペースで増加するのは、プラスチックの使用量増加が見込ま
れる途上国では廃棄物管理が十分ではなく、このままでは海洋へ流出す
る比率が今後ますます高くなると考えられているからです。

　代替エネルギーや電気自動車などの普及により、燃料としての石油消
費は今後スローダウンすることが見込まれています。そのため、プラス
チックの生産量の増加率が今と変わらなければ、石油の使い道の中でプ
ラスチックが占める割合や温室効果ガスの排出源としての比率は増加し
ていくことになります。この予測は、たとえプラスチックの生産量を
2050年まで現在と同じ水準に抑えることができたとしても、資源消費
や地球温暖化に対してプラスチックの与える影響が相対的に大きくなっ
てしまうことを意味します。リサイクルや熱回収といった従来の取り組
みの延長だけでは、「そうはならない」という根拠のある予測を示すこ
とが、少なくとも今のところできません。

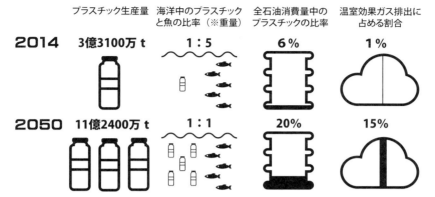

図3-1　2050年における世界のプラスチック事情予測

出典：' The New Plastics Economy: Rethinking the future of plastics'、World Economic Forum 2016

環境NGOがインターネットを活用しポスト・プラスチック社会への転換を促す

　こうした認識からプラスチックの利用自体を減らす「脱プラスチック」を真剣に考える必要があるという意見が世界中で広く受け入れられるようになってきました。その背景には海洋プラごみ汚染の実態がインターネットを通じて共有されるようになったことがあります。

　世界経済フォーラムの報告書や、EUの循環型経済パッケージを主導したのは、国家でも政治家でもなく、環境NGOのエレン・マッカーサー財団です。ヨットによる世界単独一周の最短記録で知られる英国人が海洋汚染に心を痛めて立ち上げたこの財団は、グーグル、H&M、ナイキ、ダノン（エビアン）、コカコーラ、ペプシといったグローバル企業や研究機関がパートナーとして参加しており、その活動は近年の国際政治に大きな影響を与えています。私たちがプラスチックの悲観的な未来に直面しているのは事実ですが、その一方で、今までとは全く違う取り組みが世界を動かすようになってきたという、未来への新しい希望が育ちつつあることも忘れてはならないでしょう。

国際社会はマイクロプラスチックの使用削減を強く求めている！

マイクロプラスチックによる健康被害が懸念されている

　プラスチックは化学的に安定した物質であるため、基本的には人体への影響が少ないと考えられています。食べたとしても分解されずに排泄されるからです。ただし、プラスチック製品に配合されている添加剤の健康への影響、具体的には環境ホルモンなどについては要注意です。さらに、海水中に微細なプラスチックの粒、マイクロプラスチックが想像以上に存在することが広く知られるようになったことで、別の角度から健康への影響が心配されるようになりました。プラスチック自体に毒性がなくても、有害物質を吸着したり運んだりすることが明らかになってきたからです。

　海水中に多量のマイクロプラスチックが含まれているのは、陸域から流出した海洋プラごみが紫外線などによって破砕され、微細化したものと見られています。プラスチックは、モノマー（単量体）同士が鎖状に結合（重合）したポリマー（重合体）ですが、結合した部分に紫外線が当たると比較的容易にばらけてしまうのです。また、例えば角質や汚れをこすり落とすために洗顔剤に配合するスクラブのように、最初から微細なプラスチックの粒（マイクロビーズ）として製造され、製品に配合されたものが排水を通して海洋に流出していることも知られています。このようなマイクロプラスチックを一次的マイクロプラスチック、プラスチック製品が微細化してできたものを二次的マイクロプラスチックと呼びます。

図3-2　海水中のマイクロプラスチックの発生原因

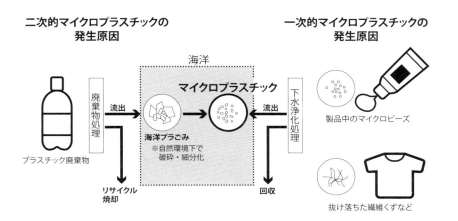

　合成繊維の衣料を何度も洗濯すれば少しずつ薄くなります。ナイロンやポリエステルもプラスチックの仲間ですから、脱落した繊維くずはマイクロプラスチックの一種です。マイクロプラスチックの発生は廃棄物管理の徹底だけでは完全に抑制できません。

マイクロプラスチックの法規制が求められている

　2017年のG20ハンブルクサミットで合意された「海洋ごみに対するG20行動計画」には、すでにマイクロビーズの使用削減が盛り込まれています。18年のG7シャルルボワサミットで「海洋プラスチック憲章」に署名しなかった日本政府は、遅ればせながら19年5月末の海洋プラスチック対策でマイクロビーズ削減の徹底化を打ち出しましたが、それまでは化粧品業界などの自主規制に委ねていました。これでは行政の怠慢と批判されても仕方がないでしょう。私たち一人ひとりがアンテナを高く掲げて世界から情報を集め、海洋プラごみ問題の解決に向け、動き出す必要があるのかもしれません。

chapter03

22

国際社会への貢献が期待される海洋プラスチックごみ問題

海洋プラスチックごみ問題で明らかになった国内だけを視野に入れた環境政策の限界

　プラスチックは1930年代から工業化が進み、20世紀後半には生活になくてはならない存在になりました。このプラスチック100年の歴史の中で、比較的最近になって注目を集めるようになったのが海洋プラスチックごみ問題です。海岸に漂着したプラスチック廃棄物が美観を損ねるといった問題は以前から知られていました。しかしその量が想像以上に多いこと、漁具や廃棄物だけではなく、プラスチック製品の原料であるペレットやマイクロプラスチックまで海洋に流出していることが最近わかってきたのです。

　河川などにポイ捨てされた容器や包装がそのまま海に流出するというのが海洋プラごみのわかりやすい説明です。しかし日本のように廃棄物の管理が行き届いた国でも津波、水害など災害時には大量の海洋プラごみが発生しており、日常的にも無視できない量の海洋への流出があることが国内河川などの調査の結果わかってきました。日本でさえそうですから、経済発展によって世界全体の生活スタイルが先進国型に近づき、その一方で廃棄物処理や環境意識が追いつかなければ、今後地球規模の問題が出てくるのは明らかです。海は世界とつながり、波間に漂うプラごみに国境はありません。海外に生産を委託するなど経済もグローバル化しています。日本のプラスチック廃棄物の再生処理が海外依存していたことからもわかるように、国内対策だけで問題を解決することは難しくなっているのです。

図 3-3

陸域から流出するプラスチックごみの
推計量国別ランキング
（2010, 臨海192か国）

1位	中国
2位	インドネシア
3位	フィリピン
4位	ベトナム
5位	スリランカ
20位	米国
30位	日本

一人当たりの推計量だと日本は世界最低レベルの流出量であり、対策が進んでいるため2025年予測値では44位へとランクダウンする。問題とされるのは、管理に問題があり多量の流出が疑われている国々に輸出を続けてきたことだ。

中国へのプラスチック廃棄物
輸出量国別ランキング
（1988-2016）

1位	米国
2位	日本
3位	ドイツ
4位	メキシコ
5位	英国
6位	オランダ
7位	フランス

出典：Jambeck (2015), 'Plastic waste inputs from land into the ocean', Science.
Brooks (2018), 'The Chinese import ban and its impact on global plastic waste trade', Science Advances.

業界規制の枠を超えた
国際的な連携・協力の実現に向けて

　しかしこれまでの日本の取り組みは、EU域内で廃棄物処理に取り組んで来たヨーロッパに比べて、地球規模の連携や対策という面で遅れていました。それが廃棄物管理の先進国であり海洋国でありながら、海洋プラごみ問題の解決に向けてリーダーシップを取ることができなかった原因の一つだとされています。

　2019年の政府のプラスチック資源循環戦略ではプラスチック廃棄物の国内処理化推進とともに、途上国における海洋プラごみの発生抑制、地球規模のモニタリング・研究ネットワークの構築といった国際展開を打ち出しています。産業界の動きとしては、2019年に海洋プラスチックごみ問題の解決に取り組むために関連企業などが連携する「クリーン・オーシャン・マテリアル・アライアンス（CLOMA）」が設立されました。CLOMAは国際連携部会のほか、３R活動で蓄積した技術やノウハウを海外に広める普及促進部会、環境負荷の低いプラスチック製品の開発などに取り組む技術部会の３事業を通じて、海洋プラごみ問題の解決に当たるとしています。

chapter03

23 バイオプラスチックは、万能のプラスチック代替物か？

オールマイティーな代替物ではなく
賢く付き合うための新しい選択肢

　新素材・新技術の開発は日本の得意分野で、バイオプラスチックの開発・普及は政府のプラスチック資源循環戦略や地球温暖化対策でも重視されています。同時にそれが新たな問題を発生させる可能性があることも指摘されています。バイオプラスチックが「従来のプラスチックの問題点をすべて解決した理想のプラスチック」ではなく、「プラスチック問題をさまざまな方法で解決しようとする新素材の総称」だからです。

　例えば適切な回収・処理ルートから漏れ、環境汚染の原因になっていることが広く知られるようになってきたプラスチックの使い捨て食器にバイオプラスチックを使うというアイデアはどうでしょうか。プラスチックによる海洋汚染では、廃プラスチックの自然環境における長期残留が大きな問題なので、**生分解性プラスチック**を採用すればその改善が期待できそうです。

　しかし日本の廃プラスチックはほとんどが回収され、焼却またはリサイクルされています。比率の高い焼却処理から見た場合、生分解性プラスチックへのシフトは直接の影響がありません。一方、リサイクルから見た場合には深刻な問題が発生します。プラスチックのリサイクル（再生利用）は、プラスチックが長期間、つまり使用後も性質が変わらないことを前提としています。この意味では、生分解性プラスチックは従来のプラスチックよりリサイクルしにくいプラスチックです。また再生利用には同じ種類のプラスチックだけを回収・処理するということが非常

図3-4　バイオプラスチックと従来型プラスチックの比較

	バイオマス (バイオマスプラ)	生分解性	従来型 プラスチック
定義	・再生可能な有機資源（植物、微生物など）が原料	・微生物の働きで分解 ・水と二酸化炭素になる	・化石燃料資源が原料 ・微生物の働きでは分解しない
特長	・**カーボンニュートラル**（地球温暖化に影響しにくい）	・分解に一定の環境が必要（土中型、水中型、海水中型など）	・資源、加工が低コスト ・製品化のためのエネルギー消費が小さい
課題	・食料生産との競合 ・製品化のコスト、エネルギー消費が大きい	・海洋環境下の分解速度 ・リサイクルに不適 ・ポイ捨ての助長	・有限資源の有効活用 ・温室効果 ・自然環境での長期残留

参考：「プラスチック資源循環に関する状況」（環境省 2018）

に重要です。つまり、リサイクル用に回収した廃プラスチックに生分解性プラスチックが混入するようになると、従来のリサイクルシステムが揺らぐことになります。

　バイオマスプラスチックに切り替えた場合、焼却分については地球温暖化対策の効果が期待できますが、生分解性がないかぎり海洋汚染対策にはなりません。では**バイオマス**＋生分解性プラスチックならよいのかというと、リサイクルに問題が発生します。バイオマスプラスチックを焼却した場合にカーボンニュートラルになるのは、同じ量のバイオマスが短期間に再生産されることを期待しているからで、植物由来のバイオマスプラスチックをこれから大量に使っていくのであれば、それに見合った量の緑化、植林が必要になります。

　問題なのはバイオマスプラスチック自体ではなく、マテリアルフロー全体を考えたスマートな使い分けができていないことだともいえます。例えば食品包装用プラスチックなら、生分解性のあるものにして**コンポスト（堆肥）化**を考える、回収がうまくいく分野では材料リサイクルする、衛生上問題がある分野では仕方がないので焼却して熱回収だけするといったスマートな使い分けを早急に実現すべきでしょう。

chapter 03　ポスト・プラスチック社会の模索の中で　　087

プラスチックを超える「紙」。新素材で挑む新たな可能性

chapter03 24

紙＋αの高機能複合素材で プラスチックの使用量を低減

　利便性をなるべく犠牲にしないで石油由来のプラスチックの使用量を減らしていくためには、石油以外を原料にしたプラスチック、つまりバイオマスプラスチックの利用も考えられます。しかしプラスチックがここまで使われるようになったのは紙や布のような自然素材にはない便利な特性、例えば防水性や**ガスバリア性**（気密性）があるからです。湿気や酸化で賞味期間が短くなる食品包装の場合、フードロス（期限切れ食品の大量廃棄）の抑制が循環型社会実現のための重要な課題ですから、この問題は避けて通れません。

　そこで近年急速に発展したのが多層化技術です。特性の異なる複数のプラスチックのシートを重ねると、同じ機能を少量のプラスチックで実現できるからです。紙のような再生可能資源を組み合わせてプラスチックの使用量を減らす技術や、紙の表面にプラスチックを塗布することで防水性、ガスバリア性を実現するという技術も実用化しています。

植物繊維なのに酸素をシャットアウト セルロースナノファイバー技術の新たな可能性

　しかしこれらのアプローチもプラスチックを使うことに変わりありません。多層化や複合材料の採用には、材料リサイクルを難しくし、構造的にマイクロプラスチックの発生源になりやすいという側面があることも忘れてはなりません。では、プラスチックを使わずに防水性やガスバ

図3-5 複合材料を使った食品包装

※包装の外側がそのまま商品外装となる分野では内容物を密封（シール）する部分に外装部をラミネートする

ポテトチップス包装

ポリプロピレン	透明性、強度
ポリエチレン	接着層
アルミ蒸着PET	遮光性、酸素バリア性、防湿性
ポリエチレン	接着層
ポリプロピレン	シール性、耐熱性

酸化を防ぐために不活性ガスを充填し、酸素バリア性の高い複合材料で完全密封している。

レトルトカレー

PET 樹脂	耐熱性、寸法安定性
ポリアミド	強度
アルミ箔	酸素バリア、光遮断性
ポリエチレン	シール製、耐熱性

製造時（殺菌）にも調理時にも加熱するので耐熱性が必要。風味低下防止のため酸素バリア性が必要。

カツオ節

ポリプロピレン	防湿性、帯電防止性
EVOH 樹脂	酸素バリア性
ポリエチレン	接着層
EVA 樹脂	低温シール性

風味低下防止のため酸素バリア性が必要。軽いので静電気による飛び散り対策が必要。

出典：日本プラスチック工業連盟
「食品用プラスチック容器包装の利点」

［参考］カツオ節（特殊コーティング紙）

紙	強度、帯電防止性
コーティング	水蒸気・酸素バリア性
ポリエチレンなど	接着層
EVA 樹脂など	低温シール性

水蒸気・酸素バリア性がある水溶性高分子を紙にコーティングすることでプラスチック使用量を低減。

出典：メーカー資料を元に従来品と比較できるように整理

リア性は実現できないのでしょうか。現在注目を集めているのは**セルロースナノファイバー**（**CNF**）技術です。セルロースは植物繊維の主成分で、いわば骨格にあたる部分。植物繊維はたくさんのセルロースがほかの物質で結び付けられた太いロープのようなものです。そこからセルロースだけを取り出してシートにすると、紙よりもはるかに緻密な構造になるため酸素でさえ通しにくいことが最近わかってきました。

　現在普及している第1世代バイオマスプラスチックは植物が生産する糖やでんぷん、油を主原料としているため、非可食部分を原料とする第2世代の製品の研究が進められています。草食動物しか消化できないセルロースは紙や繊維といった分野でしか利用されていないので、それを原料とするセルロースナノファイバーなら食料生産と競合しません。実用化への取り組みはまだ始まったばかりですが、日本の研究が世界をリードしていることもあり、今後大きな成長が期待できる分野だといえるでしょう。

chapter03 25 利便性と健康・環境——選択を迫られる国民食「カップ麺」の容器

利便性から健康・環境重視へ
世論の変化に新技術で対応

　カップ麺は1971年に誕生しました。開発当初の発想は「紙コップに入ったインスタントラーメン」でしたが、熱湯を入れると熱くて手に持てないことから、断熱性の高い発泡ポリスチレン製の容器を独自に開発して採用しています。発泡ポリスチレンは「発泡スチロール」と呼ばれ、大型の容器、梱包材として当時すでに身近な存在でしたが、これを極薄の食品容器・食器に使用するという発想は斬新で、特許が切れるまで競合メーカーは同じ方法を使えなかったそうです。現在でも成型上の制約から、どんぶり形のカップ麺では発泡ポリスチレン製容器が一般的です。

　1990年代後半に環境ホルモン問題への関心が高まると発泡ポリスチレン製のカップから溶出するスチレンの健康への影響が懸念されるようになりました。その後の研究で環境ホルモンとしての危険性は低いという結論になったものの、油や熱湯に触れる、つまりプラスチックが溶出しやすいカップ麺容器に対する健康不安は根強く、紙や紙とプラスチックの複合材料製容器を採用するメーカーが増えました。カップヌードルの場合、2008年に紙の表面に発泡ポリエチレンをコーティングし、内側にポリエチレンのシートを貼ったサンドイッチ構造の「ECOカップ」に切り替えています。ところが近くに防虫剤を置くと容器を通して有害物質のパラジクロロベンゼンが移ることがわかり、ガスバリア性の高いポリエチレンテレフタレート（PET）を加えた５層構造の「新ECOカップ」に切り替えて対応しました。

図3-6　カップ麺容器の技術的進化

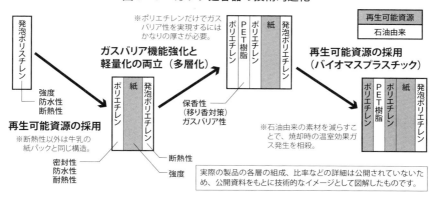

地球温暖化対策としてバイオマス素材を採用
ペットボトルと対照的な「持続可能」の方向性

　ECOカップ、新ECOカップは重量比では紙の比率が高いので容器包装リサイクル法上は紙製、つまり可燃ごみとして扱われますが、プラスチックも使用しています。2019年に採用された「バイオマスECOカップ」ではその半分を植物由来のバイオマスポリエチレンに置き換えることで焼却時に排出される温室効果ガス削減を図りました。

　カップ麺容器の「進化」は、便利さを求めつつ健康や環境も気になる消費者のニーズに技術力で応えた結果です。しかしプラスチック資源という視点から見ると、それが循環をあきらめ、大量消費と焼却処理を前提としたものだとわかります。複合材料やバイオマスプラスチックの採用に環境配慮設計の一面があるのは確かです。しかし生産者も消費者もそれを免罪符とし、スチレン以外の有害化学物質の溶出の可能性もあるプラスチックが使用されていること、材料リサイクルが難しいこと、マイクロプラスチックの発生を助長する危険性があることを忘れてしまったらどうなるでしょう。より良い環境のために何をすべきなのかを教えてくれる製品こそ「エコ」の名にふさわしいのではないでしょうか。

chapter03 26 ライフサイクルアセスメント（LCA）が教えてくれるもの

原油採掘から最終処分までのサイクルで環境負荷を定量的に評価

　リサイクルすれば資源が循環するのに、エネルギー（熱）回収のために燃やしてしまうのはもったいない――本当にそうでしょうか？　材料リサイクルで資源を再生利用するためには、選別、洗浄、加工、輸送のためにエネルギーが消費されます。そしてそのエネルギーは化石燃料を燃やすことで得ることになります。しかしプラスチック廃棄物を燃料として発電を行えば石油が節約できる代わりに、なくなった分だけ新たにプラスチックを石油から作らなくてはならず、そのための採掘や加工、輸送のためにまた石油が必要になります。どこかの要素を見落とせば、よかれと思ってやっていることが逆効果になりかねません。そうならないようにするには資源採掘から最終処分までの全体で、どこでどれだけ温室効果ガスが発生しているかをすべて調べる必要があるでしょう。そういった、ある製品のライフサイクル全体の環境負荷を定量的に評価するための手法がライフサイクルアセスメント（LCA）です。

LCA――製品設計やリサイクル方法の選択の客観的な判断基準？

　プラスチックはエネルギー資源であり、また温室効果ガスの排出源でもある化石燃料資源から作る素材です。そのためさらに関係性が複雑になるため、客観的な手法で調べてみると意外な事実が判明することがあります。例えば飲料販売に繰り返し利用が可能なリターナブルボトルを

使った場合（リユース）と使用後廃棄されるワンウェイボトルを使った場合（リサイクル）をLCAで比較したところ、どちらの温室効果ガス削減効果が大きいかは距離や回収率といった条件で変わるという結果が出ました。また、容器包装リサイクル法に基づきプラスチックの分別収集・リサイクルと熱回収を併用する現状の方法と、リサイクルを行わないで全量を熱回収する方法で比較したところ、今のやり方の方が温室ガス削減効果が高く、全量を分別収集して熱回収をやめればさらに効果があるという結果が出ています。このように、LCAは政策決定のためにも利用されているのです。

これでプラスチックのライフサイクルが未来永劫にわたって繰り返されるのなら、言うことはありません。でもプラスチックはいずれ廃棄物、ごみになります。そのとき自然界では分解されず、焼却処分するしかないのです。ここを見過ごしていることが、LCAの大きな欠点といえるのではないでしょうか。

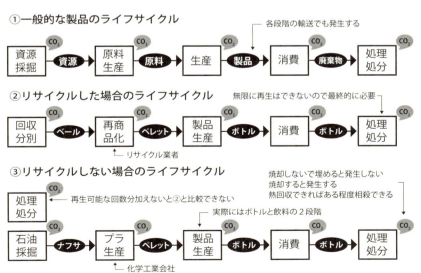

図3-7　ライフサイクルアセスメント（LCA）の考え方

chapter03

27

循環型社会形成のための法体系①
資源消費抑制、環境負荷低減を推進

廃棄物処理と資源の有効利用に向け
物品の特性に応じた6リサイクル法を制定

　廃棄物の処理・管理に関する法律は、国の環境基本計画に基づく「環境基本法」の下、2000年に制定された「循環型社会形成推進基本法（基本的枠組法）」によって大枠が定められています。

　この基本的枠組法では循環型社会を、社会の物質循環を確保するために「天然資源の消費を抑制し、環境への負荷ができる限り低減される社会」と定義し、その実現に向け、資源の循環的利用と廃棄物処理について、①発生抑制（リデュース）、②再使用（リユース）、③再生利用（マテリアルリサイクル）、④熱回収（サーマルリサイクル）、⑤適正処分という優先順位が初めて定められました。国、地方公共団体、事業者、国民の各主体の役割分担についても、廃棄物の主たる排出源である国民や事業者が廃棄物処理やリサイクルに責任を持つ「排出者責任」と、生産者が設計・製造から使用後の処理まで自分の製品に一定の責任を負う「拡大生産者責任」の考え方が盛り込まれています。

　基本的枠組法の下位法の二本柱は「廃棄物処理法」と「資源有効利用促進法」です。前者は廃棄物の処理基準と適正処理および不適正処理対策を定め、後者は循環型社会形成に向け、3R（リデュース・リユース・リサイクル）への取り組みを総合的に推進するためのルールを規定しています。また、この二法とは別に、個別物品の特性に応じた六つの規制——容器包装、家電、食品、建設、自動車、小型家電のリサイクル法も制定されており、さらに国や地方公共団体など公的機関が率先して、再

図3-8 循環型社会を形成するための法体系

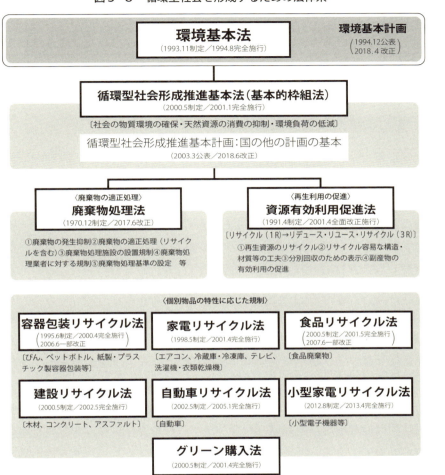

出典：環境省の資料を基に作成

生品など環境への負荷を低減する製品を優先的に調達・購入することを推進する「グリーン購入法」も整備されています。

また、海洋プラスチックごみ対策としては19年5月31日に、「海岸漂着物処理推進法」に基づく、「海岸漂着物対策を総合的かつ効果的に推進するための基本的な方針」の変更案が閣議決定されました。

chapter03 28 循環型社会形成のための法体系②
廃棄物の増大・多様化に対処する法整備に追われる！

千年紀転換期を循環型社会元年に！

　ミレニアムと呼ばれた2000年。この年を政府は「循環型社会元年」と位置づけていました。実際、この年には大量生産・大量消費・大量廃棄型の経済社会システムから脱皮し、循環型社会へ変革していくための基本的枠組法「循環型社会形成推進基本法」をはじめ、「食品リサイクル法」「建設リサイクル法」「グリーン購入法」が制定され、「廃棄物処理法」「資源有効利用促進法」も改正されました。

　そもそも循環型社会という言葉を聞くようになったのは1980年代後半のバブル経済期のころです。景気が過熱し生産活動が拡大、大型家電製品や容器包装類の需要増大、ペットボトルの普及など廃棄物の種類が一気に多様化し、排出量も増加し続けました。一方で焼却施設や埋め立て地など最終処分場は不足がちになり、受け入れの限界も見えてきます。抜本的な解決を迫られた政府は、91年に廃棄物処理法を改正し、法律の目的に廃棄物の排出抑制と分別・再生（再資源化）を加え、また資源の有効利用の確保と廃棄物発生抑制および環境保全をめざす「再生資源利用促進法」（2000年に資源有効利用促進法に改正）も成立。以降、施策の重点は循環型社会形成へと舵を切っていくことになります。

2020年東京五輪メダリストの胸に
都市鉱山由来の金・銀・銅が輝く！

　容積比で家庭ごみの約6割、重量比で約3割——。急増する廃棄物の中でも、びんや缶、包装紙、ペットボトルなど容器包装廃棄物が大きな

割合を占めています。それらの分別回収や再資源化を促進する「容器包装リサイクル法」は、個別物品の特性に応じた6リサイクル法のうち、いち早く95年に制定され、この法律で初めて「拡大生産者責任」の考えを取り入れ、再商品化にあたって、その物理的・費用的責任を事業者に課しました。とはいえ、拡大生産者責任がプラスチックについて十分に機能しているか、再検討の必要があります（用語メモ参照）。

98年制定の「家電リサイクル法」では、粗大ごみとして埋め立てられることが多かった大型家電製品について、小売業者にその引き取り・製造業者への引き渡し、製造業者には再商品化（リサイクル）を義務づけ、また消費者には廃棄する際の収集運搬料金とリサイクル料金を負担することなど、それぞれ役割分担を定めました。

「食品リサイクル法」は、食品の製造・加工・販売業者、飲食業者に対し、食品廃棄物の肥料や飼料などへの有効活用と発生抑制を求め、「建設リサイクル法」では、産業廃棄物の約20％を占める建築廃棄物について、建設工事の受注者に分別解体、再資源化を義務づけています。

自動車の解体・破砕後に残るプラスチックくずなどのシュレッダーダスト、フロン類、エアバック類は、自動車関連の処理困難で不法投棄につながる3品目といわれますが、「自動車リサイクル法」では、これらを自動車メーカーや輸入業者が引き取り、リサイクル（フロン類は破壊）することを定め、また使用済み自動車の処理費用は、リサイクル料金と

> **Column**
>
> ### 日本の廃棄物処理行政のルーツは？
>
> 1900（明治33）年施行の「汚物掃除法」。日本の清掃行政は、ペストやコレラなど伝染病対策のための法律からスタートしました。公衆衛生の向上は文明国入りの必須条件。この理念は、54（昭和29）年制定の「清掃法」まで連綿として引き継がれました。
>
> 高度成長期に入ると、ごみの量は急激に増加、その質も大きく変化し、環境破壊や公害などの深刻な社会問題を引き起こします。これを受け、政府は70年に「廃棄物処理法」を制定。廃棄物を一般廃棄物と産業廃棄物に区分し、一般廃棄物は市町村が、産業廃棄物は排出事業者が処理責任を負うと新たに規定しました。

chapter 03　ポスト・プラスチック社会の模索の中で　097

して自動車の使用者が購入時に負担する仕組みになっています。

　個別物品に対応するリサイクル法のうち最も新しいのは、12年制定の「小型家電リサイクル法」です。スマートフォンやデジタルカメラなどのIT機器には**レアメタル**がたくさん使われていますが、IT機器を含む小型家電のうち、使われずに放置されたままのものが年間約65万ｔにも上ると推計されています。この「**都市鉱山**」に目をつけ、小型家電を回収しリサイクルすることで、レアメタルとして復活させようというのがこの法律の狙いです。2020年東京オリンピック・パラリンピックでは、この小型家電由来の金属から金・銀・銅合わせて約5,000個のメダルが製作され、またメダリストが立つ表彰台約100セットも、家庭などから出た使い捨てプラスチック（ペットボトルを除く）で作ることが決まっています。

海岸漂着物をどう規制するか？
プラスチックフリーの世界ははるかに遠い

　近年、従来の法律では対応できない廃棄物問題も生じています。海岸漂着物、いわゆる海洋プラスチックごみなど漂流ごみの問題です。海洋国・日本では海岸に大量のごみが漂着すると、生態系も含め海洋環境への負荷の増大、船舶航行への障害、漁業や観光業の損害、沿岸域居住環境への悪影響など、さまざまな被害がもたらされます。漂流ごみは文字通り、海洋を漂って来るので、日本の陸上から流出したものだけでなく、東南アジアなど他国からも大量のごみが漂着しています。そのため、排出事業者が責任を負うという廃棄物処理法の原則は適用できず、ごみが漂着した自治体が処理費用を負担し、それが財政のひっ迫要因にもなっていました。こうした背景から、09年に成立したのが「海岸漂着物処理推進法」です。

　しかし同法施行後も、漂着ごみの量は一向に減らず、海洋プラごみ汚染も深刻化する一方だったので、同法は18年に改正されます。改正法

図3−9　循環型社会に関わる法制度の歴史（戦後〜現在）

年代	内容	法律の制定
戦後〜 1950年代	・環境衛生対策としての廃棄物処理 ・衛生的で、快適な生活環境の保持	・清掃法（1954）
1960年代〜 1970年代	・高度成長に伴う産業廃棄物等の増大と「公害」の顕在化 ・環境保全対策としての廃棄物処理	・生活環境施設整備緊急措置法（1963） ・廃棄物処理法（1970） ・廃棄物処理法改正（1976）
1980年代	・廃棄物処理施設整備の推進 ・廃棄物処理に伴う環境保全	・広域臨海環境整備センター法（1981） ・浄化槽法（1983）
1990年代	・廃棄物の排出抑制、再生利用 ・各種リサイクル制度の構築 ・有害物質（ダイオキシン類含む）対策 ・廃棄物の種類・性状の多様化に応じた適正処理の仕組みの導入	・廃棄物処理法改正（1991、97） ・再生資源利用促進法（1991） ・産業廃棄物処理特定施設整備法（1992） ・環境基本法（1993） ・容器包装リサイクル法（1995） ・家電リサイクル法（1998） ・ダイオキシン類対策特別措置法（1999）
2000年〜	・循環型社会形成をめざした3Rの推進 ・産業廃棄物処理対策の強化 ・不法投棄対策の強化 ・災害廃棄物対策の強化 ・海岸漂着物等の総合的かつ効果的な処理の推進	・循環型社会形成推進基本法（2000） ・食品リサイクル法（2000） ・建設リサイクル法（2000） ・グリーン購入法（2000） ・廃棄物処理法改正（2000,03〜06、10、15、17） ・資源有効利用促進法（2000） ・PCB特別措置法（2001） ・自動車リサイクル法（2002） ・産業廃棄物支障除去特別措置法（2003） ・海岸漂着物処理推進法（2009） ・小型家電リサイクル法（2012） ・海岸漂着物処理推進法改正（2018）

出典：環境省の資料を基に作成

では初めて、洗顔料や化粧品などに含まれるマイクロプラスチックの使用や廃プラスチック類の排出を抑制すると明記しましたが、罰則規定などは何も盛り込まれていません。政府は19年5月31日、同法の変更案を閣議決定しましたが、実際にどう改正さるか、注目されるところです。

19年6月に開かれた主要20カ国・地域（G20）エネルギー・環境関連閣僚会合で、政府はプラスチック製レジ袋の有料化義務化を打ち出しましたが、その後、実施時期や、現行の容器包装リサイクル法の省令改正でいくか、新たな法令を制定するかで経済産業省と環境省がつばぜり合いを演じています。この問題は9省庁が関わるだけに、どう調整していくか予断を許しませんが、両省ともレジ袋の使用禁止までは踏み込まず、ほかのプラスチック製品の規制にも及び腰なのが透けて見えます。プラスチックフリーへの道はまだまだ遠いようです。

chapter 03　ポスト・プラスチック社会の模索の中で　099

海洋プラごみ問題へのEUの取り組み
深刻化する海の汚染を先送りにできない！

海洋プラごみ汚染を世界共通の課題と認識

　世界各国で加速している海洋プラスチックごみ汚染への取り組みを後押ししているのが、国連の「持続可能な開発目標（SDGs）」のゴール14「海洋・海洋資源の保全」です。このゴール14では「2025年までに、海洋ごみや富栄養化を含む、特に陸上活動による汚染など、あらゆる種類の海洋汚染を防止し、大幅に削減する」ことをめざしており、これを踏まえ2016年の先進７カ国・地域首脳会議（G7伊勢志摩サミット）で、３R等により海洋ごみに対処することを確認。18年のG7シャルルボワサミットでは、カナダおよび欧州５カ国・地域が「海洋プラスチック憲章」を承認し署名しました。17年の国連環境総会（UNEA３）においては、「海洋プラスチックごみおよびマイクロプラスチック」に関する決議が採択され、19年３月のUNEA４では、これに加え「使い捨てプラスチック汚染対策」に関する決議も採択されました。

　こうした動きは主要20カ国・地域首脳会議（G20サミット）でも見られ、17年のG20ハンブルクサミットでは初めて首脳宣言で海洋ごみを取り上げ、「海洋ごみに対するG20行動計画」の立ち上げに合意。さらに19年６月のG20大阪サミットでは、50年までに海洋プラスチックごみによる追加的な汚染をゼロにすることをめざす「大阪ブルー・オーシャン・ビジョン」をG20首脳が共有しました。

　このように海洋プラごみ汚染対策は世界共通の課題となっていますが、この動きを主導してきたEU（欧州連合）の対策とはどういうものでしょうか。

EUでは18年に大きなプラスチック規制を打ち出します。まず１月に、欧州委員会が30年までにすべてのプラスチック容器包装をリユースまたはリサイクルするとともに、使い捨てプラスチック製品を段階的にゼロにすることをめざす「EUプラスチック戦略」を発表。次いで５月には、大量に蓄積した有害な海洋プラごみの削減に向け、欧州の海岸や海域に多く見られる使い捨てプラスチック10品目と漁具の使用禁止などを盛り込んだ新規制を提案しました。そして、この「EU市場全体における使い捨てプラスチック製品を2021年から禁止する」という法案が、19年３月の欧州議会で可決され、５月のEU理事会で正式に承認されたのです。

　使い捨てプラスチック製品の禁止にまで踏み込んだEUの厳しい姿勢が、EU域外にも大きな影響を与えるのはまず間違いないでしょう。

図3-10　EUにおける使い捨てプラスチックに関する規制（10品目＋漁具）

	消費削減	市場規制	製品デザイン要求	ラベル要求	EPR	分別収集対象物	意識向上
食品容器	○				○		○
飲料のフタ	○				○		○
綿棒		○					
カトラリー・皿・マドラー・ストロー		○					
風船の棒		○					
風船				○	○		○
箱・包装					○		○
飲料用容器・蓋			○		○		○
飲料用ボトル				○	○	○	○
フィルター付きたばこ					○		
ウェットティッシュ				○			○
生理用品				○			
軽量プラスチック袋					○		○
漁具					○		○

消費削減：各国が削減目標を設定し、代替品普及や使い捨てプラスチック有料配布を実施
市場規制：代替物が容易に手に入る製品は禁止。持続可能な素材で代替品を作るべき製品の使用禁止
製品デザイン要求：複数回使用可能な代替物・新しい素材やより環境に優しい製品デザイン
ラベル要求：廃棄方法表示・製品の環境負荷表示・製品にプラスチックが使用されているか表示
EPR（拡大生産者責任）：生産者はごみ管理・清掃・意識向上へのコストを負担する
分別収集対象物：デポジット制度などを利用し、使い捨てプラスチック飲料ボトルの90％を収集する
意識向上：使い捨てプラスチック・漁具が環境に及ぼす悪影響について意識向上させ、リユースの推奨・ごみ管理を義務づける

出典：環境省の資料を基に作成

chapter 03　ポスト・プラスチック社会の模索の中で

chapter03 30 海洋プラごみ問題への国際的取り組み
レジ袋からプラスチック製品、マイクロビーズへ

法規制のメインターゲットはレジ袋!?

　2019年6月、カナダのトルドー首相が、使い捨てプラスチック製品の使用を早ければ21年にも禁止にすると表明しました。これは、同様の法案を3月に可決した欧州議会（5月にEU理事会で承認）に続くものですが、使い捨てプラスチックの製造・輸入・販売・使用に関する各国の法規制をまとめた国連環境計画（UNEP）の18年の報告書によると、プラスチック製品に対する規制は確実に進んでいるものの、何を主たるターゲットにするかは、国によってばらつきがあるようです。

　海洋プラごみの主な原因とされるのは、レジ袋、使い捨てプラスチック製品、マイクロビーズの三つですが、最も多くの国が規制の対象としているのはレジ袋で、192カ国中、約66％に当たる127カ国が何らかの規制を導入し、83カ国（約43％）がレジ袋の無料配布を禁止しています。これに対し、使い捨てプラスチック容器や食器類等を禁止しているのは27カ国。洗顔料や歯磨き粉、化粧品などに配合されているマイクロビーズにいたっては、使用禁止にしているのは米国、韓国、フランス、英国、台湾、ニュージーランド、カナダ、スウェーデンのわずか8カ国にすぎません。

レジ袋規制は課税・有料化と
禁止令に分かれる

　レジ袋規制は、課税または有料化で使用量の削減をめざす「課税・有料化」と、使用そのものを禁止する「禁止令」に分かれます。

環境先進国と呼ばれるEU諸国では今のところ、ほとんどの国が課税・有料化策を採用しており、禁止に踏み切っているのは、11年から生分解性プラスチックの袋を除くレジ袋を使用禁止にしたイタリア、16年に小売店でのレジ袋使用を禁止したフランス、19年からのルーマニアなどで、20年以降はオーストリア、その翌年からスペインとハンガリーでもレジ袋使用禁止が決まっています。

　日本もようやくレジ袋有料化義務化に乗り出しましたが、世界に目を向けるとアフリカ、アジアの諸国からも後れをとっています。UNEPの報告書では、アフリカでは03年の南アフリカを皮切りに、すでに34カ国がレジ袋などの使用を禁止しており、ヨーロッパ以上の"エコ大陸"

図3-11　世界の主な国におけるプラスチック製レジ袋の規制

地域	種別	主な国・地域
アジア	課税・有料化	カンボジア、香港、インドネシア、ベトナム、マレーシア
	禁止令	バングラデシュ、ブータン、中国、台湾、インド、モンゴル、韓国、スリランカ
アフリカ	課税・有料化	ボツワナ、チュニジア、ジンバブエ
	禁止令	ベニン、ブルキナファソ、カメルーン、カーボベルデ、コンゴ共和国、コートジボワール、エリトリア、エチオピア、ギニアビサウ、ケニア、マダガスカル、マラウイ、マリ、モーリタニア、モーリシャス、モロッコ、モザンビーク、ニジェール、ナイジェリア、ルワンダ、セネガル、セーシェル、ソマリア、南アフリカ、タンザニア、チュニジア、ウガンダ、ザンビア、ジンバブエ
オセアニア	課税・有料化	フィジー
	禁止令	オーストラリア、マーシャル諸島、ニュージーランド、パプアニューギニア、パラオ、バヌアツ、サモア
中南米	課税・有料化	コロンビア
	禁止令	アンティグア・バーブーダ、ベリーズ、ジャマイカ、チリ、ハイチ、パナマ
ヨーロッパ	課税・有料化	ベルギー、ブルガリア、クロアチア、キプロス、チェコ、デンマーク、エストニア、ドイツ、ギリシャ、アイルランド、ラトビア、リトアニア、ルクセンブルク、マルタ、オランダ、ポーランド、ポルトガル、スロバキア、スウェーデン、イギリス
	禁止令	オーストリア、フランス、ハンガリー、イタリア、ルーマニア、スペイン

※「課税・有料化」「禁止令」とも、国内の地域・店舗等を指定している国を一部含む。
※「禁止令」には2020年以降、正式に導入が決まっている国を一部含む。

出典：環境省の資料を基に作成

chapter 03　ポスト・プラスチック社会の模索の中で　　103

といっていいほどです。中でも08年から製造・輸入・販売・使用が禁止されているルワンダは、入国時のチェックでビニール袋を没収するという徹底ぶりで、アフリカで最も清潔な国と称賛されています。隣国ケニアでは17年に、プラスチック製袋を生産、販売、使用すると、最高４年の禁固刑または４万ドルの罰金を科す世界で一番厳しい法律が施行されました。さすがUNEP本部が首都ナイロビにある国です。タンザニアでも19年６月から使用を禁止、製造・輸入した者、所持する者にはケニア同様の厳しい処分を科しています。

　アジアでは、バングラデシュ、ブータン、中国、インド、スリランカなどに加え、モンゴルで19年３月から販売・使用、韓国では４月から売り場面積165㎡以上のスーパーでのレジ袋の配布が禁止されました。また、オセアニアではニュージーランドが19年７月から使い捨てのレジ袋の使用を禁じています。

ブルー・オーシャンを
大阪から世界へ広げていけるか！？

　使い捨てプラスチック製品やマイクロビーズへの規制についてはどうでしょうか。15年に気候変動枠組条約締約国会議（COP21）の開催国としてパリ協定採択にこぎ着けたフランスがここでもイニシアティブを発揮しています。世界で初めて、コップ、グラス、皿などの使い捨てプラスチック製容器の使用を20年から原則禁止することにしたのです（ストロー、ナイフ・スプーン・フォークなどのカトラリー、マドラーなど一部製品は１年延期）。

　18年６月、イタリアは欧州委員会に対し、マイクロプラスチックを含有する洗い流せる化粧品の製造および流通、販売を、20年１月から禁止する計画を通知。同計画には、非生分解性で堆肥化できない綿棒を19年１月から禁止し、違反者に罰金を科すことも盛り込まれています。

　すでにレジ袋への課税、マイクロビーズを含む化粧品・衛生用品の製

図3-12　マイクロビーズに関する各国の規制

国	対象	製造禁止	流通規制	販売禁止
米国	マイクロビーズを含むリンスオフ化粧品	2017.7	2018.7 (州際商業への投入禁止)	2018.7
韓国	マイクロビーズを含む化粧品	2017.7	2017.7(輸入禁止)	2018.7
フランス	マイクロビーズを含むリンスオフ化粧品 (芯にプラスチックを使った綿棒も2020年1月から禁止)	2018.1	2018.1 (市場への投入禁止)	―
イギリス	マイクロビーズを含む化粧品、衛生用品	2018.1	―	2018.7
台湾	マイクロビーズを含む化粧品、洗浄剤	2018.1	2018.1(輸入禁止)	2020.1
ニュージーランド	マイクロビーズを含むリンスオフ化粧品・車や部屋等の洗浄剤	2018.1	―	2018.7
カナダ	マイクロビーズを含む歯磨き粉、洗面剤等	2018.1	2018.1(輸入禁止)	2018.1
	マイクロビーズを含む自然健康製品	2018.7	2018.7(輸入禁止)	2019.7
スウェーデン	マイクロビーズを含む化粧品	2018.7		2019.1

出典:環境省の資料を基に作成

造・販売を禁止しているイギリスは18年10月、プラスチック製ストロー、マドラー、綿棒の配布および販売を禁止する計画を発表しました。

　レジ袋とともに、使い捨てプラスチックのトップターゲットアイテムとされるペットボトルの削減に向けての取り組みも、世界的に進んできています。

　世界保健機関（WHO）が、世界11カ国の異なるブランドから発売されている259本のミネラルウォーターのペットボトルを分析したところ、90％以上に当たる242本から、水道水よりも高濃度のマイクロプラスチックが検出されたという衝撃的な結果を18年3月に発表しましたが、それ以前から、フランスのパリ市内ではペットボトル削減のために、200カ所以上に無料のマイボトル用給水機を設置。イギリスでも、誰でも無料で利用できる給水スポットを町中に増やすとともに、カフェやレストラン、ホテルなどでもマイボトルに無料で給水できるリフィルという取り組みが15年に始まっています。

　アジア諸国もプラスチックの法規制に積極的です。台湾は、プラスチ

ック飲料用ストロー、プラスチックバッグ、使い捨て容器・器具の完全使用禁止に踏み切る予定ですが、これに向け、19年から食品・食料業界に対し、段階的に規制を行っています。マレーシアも、30年を期限に使い捨てプラスチックゼロをめざしており、そのロードマップ（行程）を発表。インドにおいても、18年に、容量500ml以下のペットボトルを禁止すると通達しています。

　パリ協定から脱退し、世界の脱プラスチックの流れから目を背けているかに見えるアメリカ合衆国ですが、それはあくまで連邦政府のことで、州・主要都市レベルでは、海洋プラごみ汚染ゼロに向けた動きが活発化しています。レジ袋はカリフォルニア州、ハワイ州に続き、20年3月からニューヨーク州でも使用禁止。すべての発泡スチロール容器の使用を禁止しているのは、ニューヨーク、ロサンゼルス、サンフランシスコ、シアトルなど70以上の主要都市に及びます。ペットボトル入り飲料水の販売に関しては、14年10月に、主要都市の中ではサンフランシスコ市が全国に先駆けて、公用地内での販売を禁止する条例を施行。ニューヨーク市でも、水道局がペットボトルの量を削減するために夏の間、街中の各所に給水ステーションを設置しています。また、マイクロビーズを含むリンスオフ化粧品については、連邦政府も製造・販売を禁止していますが、いち早く販売を禁じる法案を州議会に提出し、先鞭をつけたのはカリフォルニア州とニューヨーク州でした。

　その点、日本はどうでしょうか？　マイクロビーズの製造・流通・販売を禁止する法規制は、政府のプラスチック資源循環戦略でも手つかずのまま。依然として化粧品メーカーなど業界団体や個別企業の自主規制に委ねられています。こんなことでは、50年までに海洋プラごみによる追加的な汚染をゼロにすると大見得を切ったものの、大阪から青い海（ブルー・オーシャン）を世界に広げていくことは、見果てぬ夢に終わってしまいそうです。

106

chapter 04

未来へのアイデア
スマートな循環型社会へ

最優先はプラスチックのリデュース。プラごみ焼却の削減計画の策定を！

chapter04 31

海外に輸出した廃プラが日本に送り返されてくる!?

　プラスチックごみによる海洋汚染を防ぐためには、まずプラスチックを減らしていくこと（リデュース）、すでに作ったものは繰り返し使うこと（リユース）、その両方とも無理なら再生利用（リサイクル）し、それさえできないものは、最後の手段として燃やしてエネルギーを回収する──。地球温暖化対策と両立する海洋プラスチック汚染対策はこれしかありません。

　日本は2016年には年約150万tの廃プラスチックを海外に輸出しており、その約半分の輸出先は中国でした。しかし17年12月、リサイクルに伴う環境汚染を危惧して、中国は廃プラの輸入を禁止。これに伴い、日本は輸出先をインドネシアやマレーシア、フィリピンなど東南アジア諸国にシフトしました。

　汚れたプラスチックはそのままの状態ではリサイクルできず、洗ったり、拭いたりする人手と手間がかかります。人件費の安い東南アジアに輸出し、リサイクルしてもらっているのが実情ですが、東南アジアでも処理しきれなくなり、プラごみが海に流出するなど環境汚染が起き始めています。そのため19年6月、東南アジア諸国連合（ASEAN）首脳会議では、海洋ごみ削減をめざす「バンコク宣言」を採択しました。プラごみが日本に送り返されてくる日が近いのかもしれません。

　また、有害廃棄物の国境を越えての移動を規制するバーゼル条約が改正され、2021年からリサイクル用の汚れたプラごみは相手国の同意が

ない限り、輸出できなくなります。こうなると日本国内で処理せざるを得ません。

しかし、中国のプラごみ輸入禁止の影響は大きく、すでに飲食店など事業所から出るプラごみ（産業廃棄物）を国内で処理しきれなくなり、処理施設で溜まり始めています。そこで環境省は、これらプラごみ産廃を家庭ごみなど一般廃棄物の焼却施設で処理してもらいたいと全国の自治体に通知しました（図4−1）。

国内で溜まり始めた廃プラ産廃の焼却処理を自治体に要請

資源の有効活用、海洋プラごみ問題、地球温暖化、アジア各国の廃棄物輸入規制などの課題に対応するため、政府は「プラスチック資源循環戦略」を策定しました。ここでは、確かに「2030年までにワンウェイプラスチックを累積25％排出抑制」、「2030年までに容器包装の6割をリユース・リサイクル」、「2035年までに使用済プラスチックを100％リユース・リサイクル等により有効利用」といった数値目標が掲げられています。しかし、これらは実効性のある数字を積み上げたものではなく、あくまでもめざすべきマイルストーン（里程標）にすぎません。実現に至る方策はこれからの課題として残されたままなのです。

図4−1　中国のプラスチックごみ輸入禁止による影響

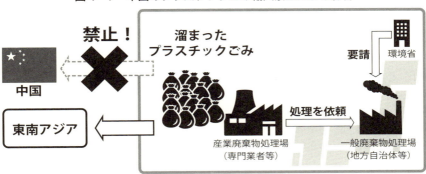

こうした中、国は産業廃棄物の処理場で溜まり始めたプラごみを、一般廃棄物処理施設で焼却処理するよう、自治体に要請しているわけです。本来なら、プラスチックの生産・流通・販売に関わる各業界、消費者も含めて、いつまでに何万ｔという具体的な数値目標を決め、それを積み上げて、きちんとした削減計画を立てるべきです。焼却施設の削減にも踏み込むべきでしょう。それなら地方自治体も納得するはずです。あくまで緊急避難措置とはいえ、いつまでもプラごみの焼却処理を続けるわけにはいかないのですから。

　プラごみを燃やすと、二酸化炭素（CO_2）など温室効果ガスを排出して地球温暖化につながり、国連の「持続可能な開発目標（SDGs）」の13番「気候変動に具体的な対策を」と合致しません。

　また、2016年に発効した、地球温暖化対策のための国際的な枠組みであるパリ協定では、21世紀後半、2050年以降は温室効果ガスの排出増を実質的にゼロにするとしています。つまり30年後にはプラごみの焼却処理はできなくなり、このまま続けていると国際社会で嫌われ者となってグローバル市場でビジネス展開することも不可能になるとさえいわれているのです。

焼却処理におけるダイオキシンと窒素酸化物の厄介な関係

　ごみの焼却はCO_2だけでなく、ダイオキシンなどの有害化学物質が発生することもあるので、高温で焼却でき、有害物質を除去する仕組みを何層にも装備した巨大な焼却炉が必要になります。そして、ここで問題になるのがダイオキシンと窒素酸化物の厄介な関係です。ダイオキシンの発生を抑えるには高温で燃焼する必要がありますが、燃焼温度を上げると窒素酸化物が発生してしまうのです。

　窒素はプランクトンの餌になるので、河川や海の窒素量が増えると**富栄養化**が起き、プランクトンが大量発生して水環境の汚染につながりま

す。また、地下水に溶け込んだ窒素酸化物は硝酸塩汚染を引き起こし、地下水を飲み水として使っている地域では健康に悪影響を及ぼし、大気中の窒素酸化物は**酸性雨**の原因にもなるのです。

　ダイオキシンと窒素酸化物は、どちらかを減らせば、もう一方が増えるという、トレードオフの関係にあり、ごみを焼却処理している限り、有害な物質が環境中に拡散してしまいます。

焼却炉の巨額の建設・維持コストは 税金で賄われている

　焼却炉を作るには非常にコストがかかります。人口数十万人規模の都市のごみを燃やすための焼却炉を1基作る費用は約100億円。その寿命は約30年で、運転コストに年間数億円かかります。また廃炉にする際、敷地に蓄積された高濃度の有害化学物質を除去するためにも巨額の費用が必要です。そして、これらはすべて税金でまかなわれています。

　地方自治体にしてみれば、国からの要請ですから、焼却炉に余裕があればプラごみ産廃の処理を引き受けざるを得ないでしょう。でも焼却炉はやがて作り替えなければならず、財政負担を考慮すれば、できるだけ規模を縮小してコストを抑えたいはずです。将来的には焼却炉の数を削減することも必要でしょう。そのためにも、地方自治体は、国からの要請とはいえ、未来永劫にわたって引き受けることはできないとはっきり言うべきではないでしょうか。

図4-2　廃棄物の燃焼温度とダイオキシン・窒素の関係

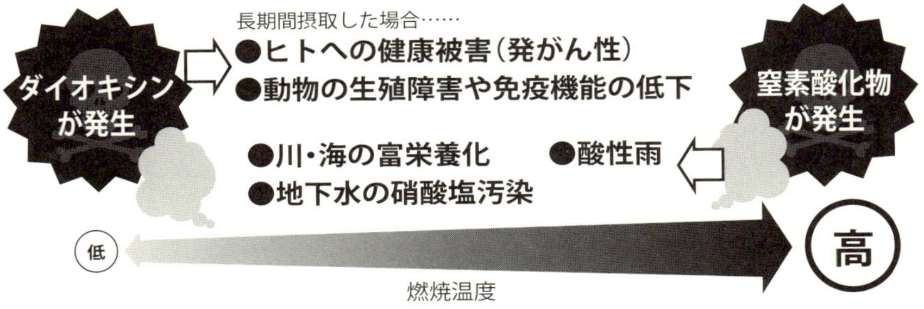

長期間摂取した場合……

ダイオキシン が発生
●ヒトへの健康被害（発がん性）
●動物の生殖障害や免疫機能の低下

窒素酸化物 が発生

●川・海の富栄養化
●地下水の硝酸塩汚染
●酸性雨

低　　　　　　　　　　　　　高

燃焼温度

chapter 04　未来へのアイデア──スマートな循環型社会へ　　111

chapter04 32 多くの限界があるリサイクルは プラごみ対策の決め手とはならない！

リサイクルしても
添加剤はそのまま残る！

　きちんとリサイクル（再生利用）できていれば、使い捨てプラスチックの大量消費をこのまま続けてもよいかというと、そうではありません。

　まず、リサイクルするには、手間とエネルギーとコストがかかります。そして、汚れた廃プラスチックをリサイクルするための洗浄をする際に環境汚染が発生します。

　また、プラスチック製品に含まれている添加剤は、リサイクル後もそのまま残り、健康被害を及ぼす恐れもあります。石油由来のプラスチック製品には、プラスチックを軟らかくする添加剤、紫外線に当たってボロボロになるのを抑える添加剤、燃えにくくする**添加剤**（難燃剤）などさまざまな化学物質が加えられており、中には人の口に入ると有害なものもあります。環境ホルモンの一種で、体内に入ると女性ホルモンのように振る舞い、内分泌をかく乱するノニルフェノールがペットボトルの蓋から検出されたこともありました。こうした添加剤がリサイクル品に残留する可能性があるのです。

　韓国では、牡蠣養殖用の発泡スチロール製の浮きから、有害な窒素系難燃剤が検出されたと報告されています。この浮きは、建築資材用の発泡スチロールからリサイクルされたもので、もともと含まれていた難燃剤が一緒にリサイクルされてしまったのです。

　近年、使用済みのペットボトルを原料にして、ペットボトルを作る「ボトル to ボトル」と呼ばれるリサイクル方式が注目されていますが、こ

れにも問題点があります。異物除去のためのアルカリ洗浄の過程でペットボトルのポリマー（高分子）が２割程度分解されるので、５本のペットボトルから４本しかリサイクルできません。そのためバージンプラスチックからもう１本新しく作っているのです。これでは最優先課題のリデュースにはつながりません。

さらに災害廃棄物にどう対処するかという課題もあります。地震や津波、ゲリラ豪雨など自然災害が発生すると、「回収〜運搬〜リサイクル処理」というシステムが一瞬にして止まり、大量のプラごみが環境に流れ出てしまうのです。

使ってしまったものは、燃焼処理するよりもリサイクルする方がはるかにマシですが、過度にリサイクルに依存するわけにはいきません。まずはプラスチックを減らしていくことが肝心です。

図4-3　添加剤も一緒にリサイクルされる！？

「ボトル to ボトル」リサイクル

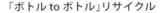

chapter 04　未来へのアイデア——スマートな循環型社会へ　　113

サーマルリサイクルという言葉は
国際会議では通用しない

　日本ではプラごみの半分以上がサーマルリサイクルと呼ばれる熱回収に回され、発電や暖房などの燃料として使われています。つまり、燃やされてしまっているのです。

　サーマルリサイクルは、リサイクルという言葉は使われていますが、これは本当のリサイクルとはいえません。熱力学の法則により、熱は温度が高いところから低いところに広がっていくだけで、もとの高温・高熱に自然に戻ってくるわけではないわけですから、リサイクルといっても燃やしていることに変わりなく、これは地球温暖化を招きます。

　このサーマルリサイクルという言葉は、典型的な和製英語で、国際会議では通用しません。いかにもリサイクルしているかのように見せかけ、従来通りプラスチックの大量生産・大量消費・大量廃棄を続けるための言葉ではないかとさえ思えてきます。

　サーマルリサイクルを計算に入れないと、日本のリサイクル率は大きく下がります。今、日本のプラスチック有効利用率は85.8％といわれていますが、そのうちの58％は熱回収です。いわゆるマテリアルリサイクルとケミカルリサイクルを合わせても27.8％にしかなりません。このうち海外に依存している部分がかなりあるので、それを除くと日本のリサイクル率はさらに下がってしまいます。

熱回収は最後の手段。
それが今や国際社会の常識に

　中国のプラごみ受け入れ禁止は、プラごみの輸出国にとって「チャイナショック」とでもいうべき大きな出来事でした。

　こうした中、EU（欧州連合）は、サーキュラーエコノミー（循環型経済）パッケージという、「持続可能で低炭素かつ資源効率的で競争力

のある経済への転換」をめざす大きな枠組みの中にプラスチックの問題を位置づけ、プラスチックという素材自体の量を減らすという選択をしています。

2018年6月の先進7カ国首脳会議（G7シャルルボワサミット）で採択された海洋プラスチック憲章でも、まずは使い捨てプラスチックの量をできるだけ減らし、それでも発生するプラごみは再使用、リサイクルし、最後の手段として熱回収に回すと謳われています。でも日本はこれに署名しませんでした。

確かにプラスチック資源循環戦略には、「2030年までにワンウェイプラスチックを累積25％排出抑制」という目標が掲げられていますが、そこには何年前を基準年とするか記されていません。

現実的には、感染症拡大の懸念がある医療用プラスチック製品など、熱回収せざるを得ないものもあり、直ちに熱回収を止めるべきだと言っているわけではありません。ただし、熱回収はあくまでも最後の手段。そろそろ日本もプラごみの熱回収を「有効利用」にカウントすることくらいは見直した方がいいのではないでしょうか。

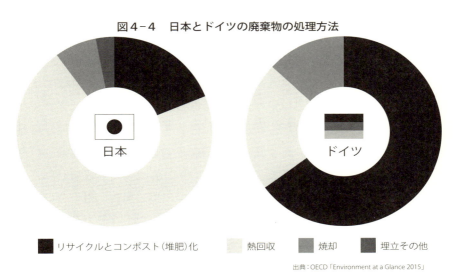

図4-4　日本とドイツの廃棄物の処理方法

■ リサイクルとコンポスト（堆肥）化　　熱回収　　焼却　　埋立その他

出典：OECD「Environment at a Glance 2015」

chapter 04　未来へのアイデア——スマートな循環型社会へ

素材も使い捨て型から循環型へ バイオプラスチックは 代替素材の最有力候補？

chapter04 33

植物由来で循環型の
生分解性プラスチックへの移行が急務！

　プラスチックという素材は防水性があって、軽くて成型しやすいなどさまざまな優れた性質を持っています。プラスチックを現代社会から完全に締め出すことは現実的には不可能です。医療用プラスチック製品をはじめ、使わざるを得ないものもあるわけですから。とはいえ、世界中の海を汚染し、燃やすと地球温暖化対策にも逆行する使い捨てプラスチックをこのまま放置しておくことはできません。そこで今、急ピッチで研究・開発が進み、実用化もされているのがバイオマスプラスチックと生分解性プラスチックです。この二つはバイオプラスチックと総称され、石油由来のプラスチックの代替素材として期待を集めています。

　バイオマスプラスチックは、バイオマス資源、すなわち生物由来の有機性資源を化学的または生物学的に合成したプラスチックで、原料としてはトウモロコシやサトウキビのでんぷんや糖質が用いられることが多いようです。トウモロコシやサトウキビなどの植物は光合成によって、大気中の二酸化炭素（CO_2）を吸収しながら成長（炭素同化作用）するので、バイオマスプラスチックは、石油由来のプラスチックと違い、原料や製品を燃焼・分解しても、大気中のCO_2の量は理論上収支ゼロで、カーボンニュートラルな素材と考えられています。ただ、最近では非可食の植物のセルロースを原料とするものにシフトしてきており、森林破壊につながるという問題があります。

　生分解性プラスチックは、ある一定の条件下で、微生物の働きで分解

され、水とCO₂に変化します。多くのバイオマスプラスチックがこの性質を持ち、食品ごみを生分解性プラスチックの袋に入れてコンポスト（堆肥）化し畑に埋めると、袋は微生物が水とCO₂に分解し、食品ごみは堆肥として畑の作物に吸収されます。そして畑の作物は、分解する際に発生したCO₂を吸収しながら成長し、やがては生分解性プラスチックの材料となって戻ってくるのです。生分解性プラスチックはより環境に優しい、循環型の素材といえるでしょう。

図4-5　一方通行型素材

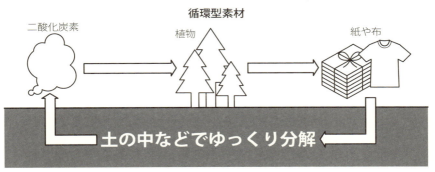

資料提供：高田秀重

chapter 04　未来へのアイデア──スマートな循環型社会へ

生分解性プラスチックも、海洋プラごみ汚染の
唯一の解決策とはならない！

　どうしても必要なものはどんどんバイオプラスチックに切り替えていけばいいかというと、そうではありません。

　バイオプラスチックも生産するときにエネルギーを要し、また材料となる植物を過剰に採取すると森林破壊につながり、地球温暖化の要因となるからです。

　2015年12月に国連環境計画（UNEP）は「生分解性プラスチックは海洋プラスチック汚染の唯一の解決策とはならない」という声明を出しました。というのも、生分解性プラスチックには、海洋に流出したときに弱点があるからです。

　土の中には微生物がたくさん存在しているので、生分解性プラスチックは確実に水とCO_2に分解されていきますが、海の中は微生物の密度が低く、分解に長い時間がかかってしまいます。実際、東京湾の海底の泥の中のマイクロプラスチックから、代表的な生分解性プラスチックの一種、ポリカプロラクトンが分解されない状態で検出されています。

　バイオマスプラスチックはできるだけ生分解性プラスチック化し、食品ごみと一緒にコンポスト化したものを農地に還元していくのが賢明な方法ではないでしょうか。

セルロースナノファイバーは
夢の再生可能資源！？

　バイオプラスチック以上に、代替素材として大きな期待を集めているのがセルロースナノファイバー（CNF）です。CNFとは、木材から繊維を取り出し（パルプ化）、その繊維をほぐしてナノ化（１nm〈ナノメートル〉は10億分の１m）したもの。各種フィルムやシートに利用されるほか、ゴムや樹脂に混ぜると鉄の５分の１の軽さで５倍以上の強度を

持たせることができ、熱による寸法変化も少なくなることから、自動車や家電製品、住宅建材などへの活用が見込まれています。

　CNFも植物由来の素材で、原料として使用した材木に見合う植林をすれば、カーボンニュートラルの素材といえます。また、海洋に流出した場合も、残留性有機汚染物質を吸着しにくいという特徴を持っています。ただし、性能を維持するために有害な添加剤を配合したりすることは厳に慎むべきでしょう。

　ところで、日本国内でも従来からプラスチックについてさまざまな問題が指摘されています。それに対し、石油業界や化学工業界は、原油を精製するとガソリンや灯油、軽油、重油、アスファルトなど石油製品ができる。プラスチックの原料のナフサはその一つで、これを有効利用しているだけだと反論してきました。

　でもパリ協定の枠組みがきちんと守られれば、2050年以降、原油の採掘すら難しくなります。そんな時代が30年後にやってくるのです。政府がプラスチック資源循環戦略の基本原則に「Renewable（再生可能資源への代替）」を掲げたのも、そんな背景があるからではないでしょうか。

図4-6　主要国の化石エネルギー依存度（2015年）

93.6%	89.9%	82.9%	80.1%
日本	中国	米国	イギリス

79.7%	73.8%	46.6%
ドイツ	インド	フランス

出典：資源エネルギー庁「平成28年度エネルギーに関する年次報告」（エネルギー白書2018）

chapter 04　未来へのアイデア──スマートな循環型社会へ　　119

スマートにモノが循環する ポストプラスチック社会を築こう

安易なペットボトル化が プラスチックごみを増やしている

　国のプラスチック資源循環戦略の重点戦略の中で、具体的なプランとして示されたものは、レジ袋の有料化義務化（無料配布禁止等）だけです。しかし日本の海岸に漂着するごみの個数は、レジ袋を含むポリ袋、菓子袋等の食品包装材は第10位。最も多いのはペットボトルで、弁当箱、トレイ等の食器容器もレジ袋よりずっと多いのです。何となくとっつきやすいからレジ袋を有料化する。そんな印象がぬぐえません。

　例えば、これまで瓶や缶に入っていたコーヒー飲料をペットボトルに入れた商品がヒットしていますが、これではプラスチックごみは増える一方です。安易な瓶や缶のペットボトル化は避けなければならない。国もきっちり行政指導すべきではないでしょうか。

　スクリュー缶の少し大きめのアルミボトル入りもありますが、実は、あの内側にはプラスチックのコーティングが施されています。中身が水やお茶なら、技術的にはアルミだけで作れますが、コーヒーなど酸性が強いものや炭酸水はアルミが酸化しさびるので、プラスチックでコーティングしているのです。

複合素材、混合素材、プラ容器の薄肉化も 海洋環境への負荷を高める！

　カップ麺の容器の素材は、紙とプラスチックが層状に貼り合わさった複合素材です。廃棄物処理上は紙に分類されていますが、実は、あれは

紙ではありません。通常、リサイクルは素材ごとに分けた後に行われるので、分けることが困難な複合素材はリサイクルできず、燃やすしかありません。

　液体石鹸、シャンプー、リンスなどの詰め替えパックも、層状にいろいろな種類のプラスチックが貼り合わされている複合素材なのでリサイクルには不向きです。コーヒーショップで豆を挽いてもらうと、香りと鮮度を保つために袋に入れてくれますが、あの袋も紙のように見えて、実は紙にプラスチックをコーティングしたものだったりします。

　業界は、液体石鹸、シャンプー、リンスなどの詰め替えパックをもっと薄くする（薄肉化）方向に向かっていますが、この薄肉化は資源の節約にはつながっても、海洋プラごみ汚染を悪化させる可能性があります。あまり薄くしてしまうと、海に流れ出た際にプラスチックがボロボロに

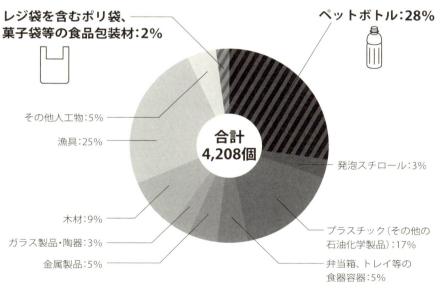

図4-7　日本の沿岸に漂着したごみ（人工物）の比率（個数 2016年）

レジ袋を含むポリ袋、菓子袋等の食品包装材：2%
ペットボトル：28%
その他人工物：5%
漁具：25%
合計 4,208個
発泡スチロール：3%
木材：9%
ガラス製品・陶器：3%
金属製品：5%
プラスチック（その他の石油化学製品）：17%
弁当箱、トレイ等の食器容器：5%

出典：環境省「平成28年度漂着ごみ対策総合検討業務報告書」
調査地点：日本沿岸10地点

chapter 04　未来へのアイデア──スマートな循環型社会へ

なりやすく、マイクロプラスチックを増やしてしまうのです。

　石油ベースのプラスチックに生分解性プラスチックを混合した素材も、同じようにマイクロプラスチックによる汚染につながります。生分解性プラスチックの部分が先に分解し、石油ベースのプラスチック部分がボロボロになって残り、やがてはマイクロプラスチック化して海洋環境への負荷を高めてしまうのです。

プラスチックの容器・包装に頼らない
モノの回し方へのシフトチェンジを！

　結局はモノの運び方を変えるしかないのかもしれません。液体の状態で運ぼうとするからプラスチックの容器・包装が必要になります。それなら、液体石鹸を止めて固形の石鹸に戻し、歯磨き用のペーストを粉末のものにするなど、乾燥した状態で運ぶようにする。固形物や粉末なら容器・包装も単一の素材で作れるから、リサイクルもしやすくなります。

　生鮮食料品も「地産地消」で輸送距離を短くすれば、容器・包装自体も減らすことができるでしょう。

　EU（欧州連合）は、持続可能で低炭素かつ資源効率性が高く競争力のある経済への転換をめざすサーキュラーエコノミー（循環型経済）パッケージを打ち出しています。その枠組みの中にプラスチックの問題を位置づけ、社会システム全体の中でモノの回し方を変えようとしています。資源小国の日本が今後もプラスチックの大量生産・大量消費・大量廃棄を続けるなら、少なくともEU諸国から相手にされなくなります。優れた品質の製品を作っても、使い捨ての容器・包装ゆえに買ってもらえず、EU域内でのビジネスができなくなるのです。

脱プラでも減プラでもなく
ポスト・プラスチック社会へ

　EUのサーキュラーエコノミーパッケージに比べ、わが国のプラスチ

ック資源循環戦略はやはり見劣りがします。地球温暖化、低炭素、脱化石燃料……。こうした課題に対し、行政や産業界の感度が低いからでしょうか。また、日本の社会システムが過度に効率優先になっていることもあります。ごみ焼却炉などハコモノを数多く作れば、エネルギーや資源循環の問題については何の心配もない。そうたかをくくっていた側面もあるのかもしれません。

　最終的には特定の用途で最小限のプラスチックを繰り返し反復使用しながら、加えて生分解性プラスチックなど循環型素材に置き換えていき、プラスチックの総量を削減していく。そしてプラスチックに頼らず、モノを回していく社会を構築していく必要があります。

　それは脱プラスチック社会、減プラスチック社会というよりも、スマートなポスト・プラスチック社会といった方が適切でしょう。30年後はぜひ、そんな社会の中で暮らしたいものです。

高田秀重教授が愛用する文字通りパウダー状の歯磨き粉。容器はプラスチックだが単一素材なのでリサイクルが可能だ。

chapter04
35 あなたから家族・学校・職場・地域へ
プラスチックフリー・ライフのススメ

日本の人口一人当たりの
プラスチック容器・包装廃棄量は世界第2位

　プラスチックごみによる環境汚染に歯止めをかけ、減らしていくにはどうしたらいいか？　いくつかの対策を組み合わせることが大事ですが、基本は廃棄物管理の徹底と3R（リデュース、リユース、リサイクル）の推進です。これらは行政とプラスチック関連の産業界が中心になって取り組むべき課題ですが、プラスチック製品を使っている消費者の役割もとても重要です。

　国連環境計画（UNEP）の2018年のレポートによると、日本の人口一人当たりのプラスチック容器・包装廃棄量は年間約35kg。これは、アメリカに次いで世界第2位という不名誉な記録です。まずは、私たち一人ひとりが使い捨てのプラスチック容器・包装をできるだけ使わないようにすることです。

　買い物には布製のバッグを持っていき、レジ袋はもらわない。マイボトルを持ち歩くようにして、ペットボトルの飲み物は買わない。コンビニ弁当はやめて、家から弁当を持っていく……などなど。いきなりすべての使い捨てプラスチック製品の使用をやめるのはハードルが高すぎるという人は、できることから始めるとよいでしょう。

4つ目のR、Refuseで
社会の仕組みを変えていく

　単にあなたがプラスチック製品の使用を避けるだけでなく、家族や友

達にも誘いかけ、プラスチックごみを減らしたいという自分の意思を周囲にはっきり伝えましょう。スーパーでレジ袋を渡されたら、「私は、レジ袋は要りません」と言って断るのです。パックの魚などの生ものを買うと、レジで薄いビニール袋に入れてくれますが、「それも要りません」と断りましょう。プラスチックの袋に入ったおしぼりも受け取らないでください。プラスチックごみ対策の基本である３Ｒに「Refuse（断る、拒否する）」をプラスして４Ｒにするわけです。

すると相手は、「どうしてですか？」と聞いてくるかもしれません。そのときは、「ごみになるし、海に流されて細かい破片になって、海の生き物やヒトの健康に悪影響を与えるから」と答えるのです。こうして、プラスチックごみを減らしたいというあなたの意思が周囲に伝わっていき、その会話を通じて人間関係の輪も広がっていくかもしれません。

Refuseする人が増えてくれば、流通業界や容器包装業界の人たちも「このままでいいのか？」と考え始めるでしょう。一人ひとりの意思表示は小さなものでも、たくさん集まれば社会を変える力になります。自分たちの仕事は社会に大きな迷惑をかけている。そうと気づいたら、プラスチック関連の業界も、プラスチックに替わる素材の開発に本腰を入れるようになるでしょう。

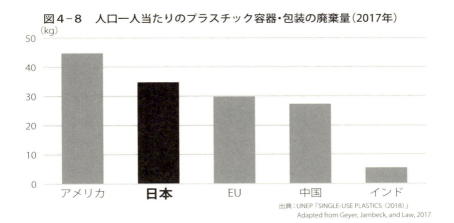

図４-８　人口一人当たりのプラスチック容器・包装の廃棄量（2017年）

出典：UNEP「SINGLE-USE PLASTICS（2018）」
Adapted from Geyer, Jambeck, and Law, 2017

Refuseは、一種の社会変革運動のようなもの。一人ひとりが働きかけて、社会の仕組みを変えていきましょう。

海岸漂着物の清掃・回収は
プラごみの再流出を防ぐ水際作戦

　日本の沿岸地域では、海岸に漂着したプラスチックごみの清掃・回収活動が、地域ぐるみや学校単位で展開されていて、これも重要な海洋プラごみ対策の一つです。海岸漂着物は、漁網からポリタンク、洗剤容器、ペットボトルまで多種多様ですが、一度海に流出したプラごみは、サイズが大きいものは風の影響で海岸に打ち上げられ、そこで紫外線や熱で劣化して破片化し、波に乗って沖合に運ばれていきます。つまり、海岸がマイクロプラスチックの生成場所になっているわけですが、プラごみの再流出を防ぐ水際作戦がこれらの清掃・回収活動です。一個人として積極的に参加したいものです。

　プラスチック資源循環戦略とともに政府が策定した「海洋プラスチックごみ対策アクションプラン」でも、海洋に流出したプラごみの回収が挙げられ、世界海洋デー（６月８日）前後に「海ごみゼロウィーク」を設け、2019年から2021年までの３年間で240万人が参加する海岸清掃プロジェクトを進めるとしています。

海洋プラごみ汚染は
陸上の暮らしに深く関わっている

　政府のプラスチック資源循環戦略の重点戦略には、「プラスチック資源循環」「海洋プラスチック対策」「国際展開」とともに「基盤整備」が挙げられ、その柱となるのが「調査・研究の推進」です。また「海洋プラスチックごみ対策アクションプラン」にも、海洋プラごみ汚染の「実態把握・科学的知見の集積」が謳われています。

　本格的な調査・研究は専門家に委ねるしかありませんが、個人レベル

高田教授が拾ったプラスチックごみ。ペットボトル1本、レジ袋1枚、ストロー2本、プラスチックカップの蓋、お菓子のパッケージ、傘用ポリ袋。
（写真提供：高田秀重）

でできることもあります。

　上の写真は、環境汚染化学研究の第一人者で、本書の監修者でもある東京農工大学の高田秀重教授が自宅から最寄り駅まで歩く10分間で拾ったプラスチックごみです。これらは、放置していると雨で流され川から海に入っていき、海洋プラごみとなり、最終的にはマイクロプラスチックとなって海洋生物やヒトの健康に悪影響を与える要因になります。身の回りに落ちているプラスチックごみを集めてみると、海洋プラごみ汚染が海から遠く離れた陸上の暮らしに深く関わっていることに気づくはずです。

世界中の誰もが参加できる
インターナショナルペレットウォッチ

　高田教授の研究室が中心になって進めている海洋環境調査の一つに、「インターナショナルペレットウォッチ（http://www.pelletwatch.org/）」という活動があります。これは、世界中のボランティアにインターネットで呼びかけ、海岸に落ちているレジンペレットというプラスチックの粒を拾ってエアメールで送ってもらい、それを分析するという環境モニタリング調査です。

chapter 04　未来へのアイデア──スマートな循環型社会へ　127

レジンペレットというのは、プラスチック製品を作るための中間原料で、円盤状、円柱状、あるいは球状の直径数ミリのプラスチックの粒で、マイクロプラスチックの一種です。これを袋詰めにして成型工場に運び、型に入れて加熱成型すると、さまざまなプラスチック製品になりますが、一部のレジンペレットが輸送中にこぼれ落ちたり、加工の過程で工場の外に漏れ出てしまうことがあります。これらが雨に流され、水路や河川を経て海に流出しているのです。また、レジンペレットはコンテナ船で海上輸送されるケースもあり、コンテナの脱落事故などで、海に流れ出てしまうこともあります。こうしたレジンペレットが海洋を漂流し、世界中の海岸に流れ着いているのです。

　世界中から東京農工大学の高田教授の研究室に送られてきたレジンペレットを分析した結果、他のマイクロプラスチックと同様に、PCBs（ポリ塩化ビフェニル）やDDTs（有機塩素系の農薬）などの残留性有機汚染物質（POPs）を吸着していることがわかりました。これまでに世界50カ国、200地点以上の試料を分析し、その結果がインターネットで公開されていますが、もともとレジンペレットにはPCBsなど有害化学物質は含まれていないので、有害化学物質を吸着していれば、ペレットが有害化していることが明らかになります。

プラスチック製品の中間材料のレジンペレット
（写真提供：高田秀重）

世界中のボランティアからレジンペレットが高田教授の研究室にエアメールで送られてくる（写真提供：高田秀重）

インターナショナルペレットウォッチの参加者に送られる金属性のマイボトル。蓋の部分は竹で作られている

インターナショナルペレットウォッチの分析結果（海岸漂着レジンペレット中のPCBs濃度[ng/g]）

出典：International Pellet Watch
http://www.pelletwatch.org/（英語版）
http://pelletwatch.jp/（日本語版）
※データは随時更新されています。

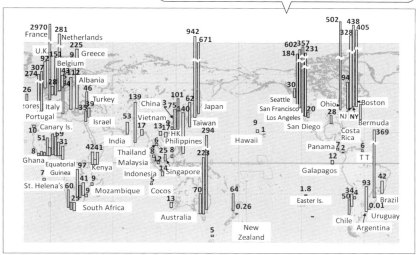

chapter 04　未来へのアイデア――スマートな循環型社会へ　129

インターナショナルペレットウォッチは、海岸で拾ったレジンペレットを封筒に入れて送るだけですから、世界中から普通の市民の方も大勢参加しています。自分が採取したサンプルから、ペレットがどれくらい有害化されているかがわかる──。これは環境意識の啓発になり、海洋プラごみ汚染の解決にも寄与する活動といえるでしょう。

賢い人は問題を避け
自分のライフスタイルを変える！

東京農工大学では現在、プラスチックフリーキャンパスをめざし、給水器の設置、学内店舗でのレジ袋の廃止、ロゴ入りマイボトル販売などを検討中です。政府はすでに各省庁や国立大学などでプラスチック製ストローやスプーンなどの提供を禁止し、会議でのペットボトル飲料の配布を取りやめる方針を決定しています。プラスチックフリーキャンパス化の動きは、国公私立の別なく、全国の大学にも広がっていくことでしょう。

企業でも、使い捨てプラスチック製品を持ち込み禁止にしたり、エコバッグやマイボトルを配布したりするプラスチックフリーオフィス化が急速に進んでいます。まずは個人でできることから始めましょう。そして、それを学校、職場、地域へと少しずつ広げていくことが国全体のプラスチックフリー化へとつながっていくのです。

"A clever person solves a problem. A wise person avoids it"（利口な人は問題を解決する、賢い人は問題を避ける）。アルベルト・アインシュタインの言葉です。

海洋プラごみ汚染をはじめ、プラスチックを起因とするさまざまな問題は、科学技術のさらなる発展によって解決できるのかもしれません。でも、それには大きなエネルギーと長い時間、気の遠くなるような膨大な労力が必要です。それなら今のうちから問題が発生しないように、私たちのライフスタイルそのものを変えていく方が賢明ではないでしょうか。

今日からできるアクションリスト

個人でできること

- [ ] ポイ捨てをしない。
- [ ] エコバッグを持って買い物に行く。
- [ ] レジ袋はもらわない。
- [ ] 野菜はバラ売りのものを選ぶ。
- [ ] 容器持ち込み可の量り売りの店を利用する（豆腐、コーヒー豆等）。
- [ ] 使い捨ておしぼりはもらわない。
- [ ] プラスチック容器に入ったお弁当は買わない。
- [ ] ペットボトルの飲み物は買わない。
- [ ] マイボトルに飲み物を入れて持ち歩く。
- [ ] プラスチック製ストローが付いた飲み物は買わない。
- [ ] 個包装のお菓子は買わない。
- [ ] プラスチック容器に入った液体石鹸（洗剤）ではなく、紙容器に入った固形石鹸（粉洗剤）を使う。
- [ ] プラスチック製の食器や調理用具は使わない。
- [ ] ポリウレタン入りの衣類は買わない。
- [ ] 海岸の清掃活動に参加する。

学校、職場でできること

- [ ] 使い捨てプラスチックを持ち込まない。
- [ ] 給水器を設置する(設置をお願いする)。
- [ ] 使い捨てプラスチックカップをやめて、紙カップを使う。
- [ ] 会議や打ち合わせでペットボトルの飲み物は出さない。
- [ ] 会議や打ち合わせでプラスチック容器のお弁当は出さない。
- [ ] 紙製や木製の文房具を買う。
- [ ] 通勤、通学時にプラスチックごみを拾う。
- [ ] 仲間と周辺のプラスチックごみを拾う。
- [ ] 仲間と海岸でのプラごみ清掃・回収活動に参加する。

地域でできること

- [ ] 集会やイベントでペットボトルの飲み物は出さない。
- [ ] 集会やイベントでプラスチック容器のお弁当は出さない。
- [ ] 町内会等で周辺のプラスチックごみを拾う。
- [ ] 町内会等で海岸漂着物の清掃・回収活動を企画する。

chapter 04　未来へのアイデア――スマートな循環型社会へ

Renewable
36 再生可能な代替素材開発への挑戦。
企業の取り組みはどこまで進んだか？

生分解性プラスチックでは
海外にやや遅れをとっている日本企業

　プラスチックの代替素材としてまず挙げられるのがバイオマスプラスチック（バイオプラスチックと生分解性プラスチック）。2017年の世界全体の生産量は約205万ｔで、その半分近くを生分解性プラスチックが占めています。その背景としては、ヨーロッパを中心に生ごみのコンポスト化のシステムが普及し、ごみ袋や食品用の容器・包装用途としての生分解性プラスチックの需要が伸びていることが考えられます。

　現在のところ、生分解性プラスチックの主流は、Nature Works社（アメリカ）、Total Corbion社（フランス・オランダ）などが生産する**ポリ乳酸（PLA）**。PLAはトウモロコシやサトウキビのでん粉を発酵させて作るもので、今後も生産量が大きく伸びると予測されています。PLAの関連商品として注目されているのが、BASF社（ドイツ）がバイオプラスチックにPLAを混合して作った「ecovio」。発泡スチロールの代替品となるもので、現行の生産ラインをそのまま使用でき、6カ月で生分解するとしています。

　これに対し日本のバイオプラスチック使用量は約4万ｔで、全プラスチック使用量約1,100万ｔの約0.4％にすぎません（日本バイオプラスチック協会「バイオプラスチック概況」2018年）。また、生分解性プラスチックの比率がまだまだ低く、今後の課題となっています。

　そんな中、三菱ケミカルホールディングスは、耐熱性があり繊維などと混じりやすい生分解性プラスチック「BioPBS」を開発。PLAはコン

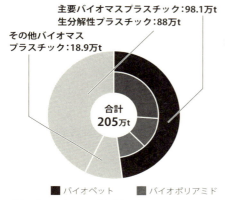
図4−9　世界のバイオプラスチック生産能力（2017年）
主要バイオマスプラスチック：98.1万t
生分解性プラスチック：88万t
その他バイオマスプラスチック：18.9万t
合計 205万t
■ バイオペット　　■ バイオポリアミド
出典：日本バイオプラスチック協会「バイオプラスチック概況」2018年
※European Bioplasticsホームページ資料をもとにJBPA作図

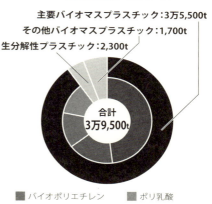
図4−10　日本のバイオプラスチック出荷量推計（2017年）
主要バイオマスプラスチック：3万5,500t
その他バイオマスプラスチック：1,700t
生分解性プラスチック：2,300t
合計 3万9,500t
■ バイオポリエチレン　　■ ポリ乳酸
出典：日本バイオプラスチック協会「バイオプラスチック概況」2018年
※JBPA推計値

ポストという高温多湿の状態でしか生分解しませんが、「BioPBS」は通常の土壌の中でも生分解するという特性を持っています。また、カネカはコンポストや土壌の中だけでなく、海水中でも生分解する「PHBH」という生分解性ポリマーを開発。どちらも、海外市場への展開が期待されています。

日本はセルロースナノファイバーでポスト・プラスチック社会をリードできるか？

　軽くて強く、熱による変形が少ないという、プラスチックどころか鉄の代替素材としての可能性も秘め、しかも植物由来のカーボンニュートラルであるという夢の新素材、セルロースナノファイバー（CNF）。木材や竹などをパルプ化し、さらにナノメートル単位まで超微細に繊維を解きほぐす（解繊する）ことによって作られるCNFの研究開発は、2000年代に入ってから東京大学、京都大学を中心に始まりました。以来、しばらくの間は日本がこの分野において先行していましたが、今では、アメリカ、カナダ、北欧諸国などに追い上げられ、激しい開発競争が繰り

広げられています。

　CNFは、軽い、強い、耐熱性がある、といった自動車のパーツや建築資材等に利用できる**構造素材**としての特性と、透明でガスバリア性（気密性）がある、**比表面積**が大きい、フィルムにすると軽くて強くて曲げられる等の**機能性素材**としての特性を併せ持っています。

　材料としてのCNFが本格的に生産されるようになったのは2017年からで、まだまだ価格が高く、CNFを大量に使用する構造素材としての商品開発はこれからの段階。しかし、比較的少量の使用で済む機能性素材としてのCNFは、日用品の中に利用され始めています。

　日本製紙クレシアは、消臭機能を持つ金属イオンが超微細なCNF繊維に付着しやすいことに着目し、CNFを使った尿漏れパッドや大人用おむつを商品化。凸版印刷は、プラスチックフィルムの替わりにCNFをコーティングした、ガスバリア性を持った食品用紙カップを開発し、石油由来の材料の使用を40％以上削減したとしています。また、オンキヨー＆パイオニアマーケティングジャパンは、スピーカーやヘッドホンの振動板に紙とCNFを混合した素材を採用。**弾性率**が高いCNFと紙の組み合わせによって高域再生帯域が広がり、高音質を実現しています。他にも、破れにくく丈夫なトイレットクリーナー、滑らかに書けて文字がにじみにくいボールペンのインクなどユニークな商品が次々と開発されています。

　一方、やや遅れをとった感のある構造素材としてのCNFの需要を拡大すべく、環境省はCNFを活用した自動車を開発するナノ・セルロース・ビークル・プロジェクトを20の研究機関・メーカーとともに進めています。エンジンから内装、そしてタイヤまで複合的にCNFを活用し、2020年までに10％の軽量化（対2016年比）をめざします。

　経済産業省は、2030年にはCNF関連材料の市場規模は年間1兆円になると予測しており、用途の拡大とコストダウンが今後の課題です。

ベンチャー企業が参入する
ニッチな代替素材市場

　バイオマスプラスチック、CNFとは全く異なるアプローチでプラスチック代替素材の開発に挑戦するベンチャー企業がいくつか登場してきています。

　インドネシアのEvoware社は、海藻をベースにした食品用包装材を開発。100％生分解可能で2年間保存でき、しかも、そのまま食べることも可能です。また、インドのEnviGreen社は、常温の水に1日漬けておくと溶けてなくなってしまう、ジャガイモ、コーン等を主原料としたレジ袋を開発しています。

　プラスチック代替素材市場へのベンチャー企業の参入は、今後ますます盛んになっていくのではないでしょうか。

図4-11　セルロースナノファイバーの特性と用途例

	特　性	用　途
構造素材	軽量で高強度	・自動車のパーツ　・タイヤ強化材 ・建築資材　・家電製品の筐体
機能性素材	熱に強く寸法が変化しにくい	半導体封止材（半導体チップを覆って熱、湿気、物理的衝撃などから保護する材料）
	透明性がある	ディスプレイ、有機EL基板、カラーフィルター
	ガスバリア性がある	包装材料（バリアフィルム、バリアシート等）、食品容器
	細孔制御ができる（超微細な穴の大きさを制御できる）	フィルター
	粘性、弾性を制御できる	化粧品、医薬品、食品用増粘剤
	比表面積が大きく、金属イオンが付着しやすい	尿漏れパッド、大人用おむつ
	チキソ性がある（静止状態では粘度が高く、流動時に粘度が低くなる）	ボールペンのインク
	破れにくく親水性がある	トイレに流しても詰まらないトイレットクリーナー
	軽量で弾性率が高い	スピーカー/ヘッドホンの振動板

用語メモ（キーワード）

　この本は科学読み物的な要素もありますから、読んでいる途中、意味がわからない言葉も出てくるはずです。そんなときの手引きとして、「用語メモ」のページを作りました。取り上げた用語が、本文中に初めて出てくるときは太字にしてあります。

【ア行】

 エコバッグ（p.46）

プラスチック製レジ袋の使い捨て、焼却処分を減らすために使用される買物袋。ただし、素材や使用方法によってはかえって環境負荷が大きくなることも。

 温室効果ガス（p.61）

太陽からの熱を閉じ込め保温する働きをする気体のこと。人間が排出する温室効果ガスの80％近くは化石燃料の焼却や森林破壊に伴う二酸化炭素で、その大気中濃度は現在、過去80万年になかった高水準に達している。ほかにメタンや亜酸化窒素など。

【カ行】

 カーボンニュートラル（p.87図）

ライフサイクルの中で、排出される二酸化炭素などの温室効果ガスと、植林などで吸収される温室効果ガスの量がプラスマイナスゼロであること。

 拡大生産者責任（EPR）（p.75）

製品の廃棄・リサイクル段階まで、生産者に責任を負わせるという考え方。日本では現在、一般廃棄物の収集運搬費、焼却炉の建設費・維持コストは自治体の負担だが、この考え方ではそれらも生産者が製品価格に反映させることになる。

 カスケードリサイクル（p.56）

カスケードとは階段状に連なる滝のこと。滝の水が高所から低所に下るように、再生利用のたびに品質が低下するリサイクルを指す。

 ガスバリア性（p.88）

外部からの気体の影響を遮断する性質。食品や医薬品の包装容器には、空気中の酸素、窒素、二酸化炭素などの気体による品質低下を防ぐためのガスバリア性が要求される。

 化石燃料資源（p.45）

石油、石炭、天然ガス、シェールガスなど、燃料や化学原料として利用される地下資源の総称。地質時代に堆積した動植物などの死骸が長い年月をかけて地圧・地熱で変成してできた。有機物なので、燃やすと大気中に二酸化炭素などを放出する。

 環境NGO（p.79）

NGOはNon-Governmental Organizationの略で非政府組織。このうち環境保全活動を主目的、または活動の柱としている民間・非営利の組織・団体のこと。

 環境ホルモン（p.33）

内分泌かく乱物質。体内に入ると女性ホルモンのように振る舞い、生体の複雑な機能を調整する役割を果たしている内分泌系の働きを阻害し、精子数の減少など生殖異変を引き起こすと指摘されている物質。

 機能性素材（p.134）

物理的、化学的に有用な機能を持った素材。電子機器、光学機器、医療機器などに用いられる。

136

🔑 **ケミカルリサイクル**（p.52）

使用済みのプラスチック製品を化学的に処理して、合成樹脂のモノマー（単量体）まで還元し再利用すること。具体的には高炉原料化や油化、ガス化など。

🔑 **構造素材**（p.134）

強度や耐久性など、主に力学的に優れた性質を持つ素材。建築素材、自動車のパーツなどに用いられる。

🔑 **高炉・コークス炉**（p.64）

高炉は、鉄鉱石とコークス（石炭を蒸し焼きにし抽出した炭素の塊）を原料として、製鉄を行う際に用いる溶鉱炉。コークス炉はコークスを製造する装置。

🔑 **国連環境計画（UNEP）国際資源パネル（IRP）**（p.29）

国連環境計画が設立した、資源管理分野の専門家組織。主な活動としては、各国政府の政策担当者、産業界、社会に向け、世界の重要な資源問題に関して、実践的な解決策の開発を目的とする評価報告書を作成している。

🔑 **コンポスト（堆肥）化**（p.87）

生ごみや下水汚泥などを微生物の働きで発酵させ堆肥化し、肥料、土地改良材など農業用に再生利用すること。欧米では生ごみの処理法として一般的。日本でも生分解性プラスチックの農業用フィルムなどで普及している。

[サ行]

🔑 **サーマルリサイクル**（p.68）

ごみを焼却するときに出る熱を回収し、発電などのエネルギーとして利用すること。サーマルとは「熱の」の意味。日本では「熱回収」ともいう。

🔑 **再商品化**（p.58）

市町村が分別収集したガラス瓶やペットボトルなどを引き取り、製品またはリサイクルの原料として利用すること。引き取った廃棄物を販売できる状態にする専門業者もいる。

🔑 **材料リサイクル**（p.52）

使用済みプラスチック製品から異物を除去し、化学処理して合成樹脂のポリマー（高分子）まで戻し、これを加熱・成型して別の製品を作る技術のこと。プラスチック関連業界では「マテリアルリサイクル」、またポリマーをさらにモノマー（分子）まで還元して再利用することを「ケミカルリサイクル」と呼んでいる。欧米ではメカニカルリサイクルという。

🔑 **サプライチェーン**（p.23）

製品の原材料が生産されてから消費者に届くまでの全過程のつながり。例えば牛乳であれば、原料生産者(畜産業)→製品加工販売会社(乳業)→流通（小売業）といった流れが基本だが、消費者の手に届くためには容器製造、低温輸送といったさまざまな企業、事業が参画する。近年、原料・部品等の調達網が国境を超えて広域化し、グローバル・サプライチェーンと呼ばれている。

🔑 **残渣**（p.50図）

残りかす。再生利用のために回収した廃棄物の中の異物。ペットボトルのキャップ、ラベル、種類の違うプラスチック製品など再生処理できない部分のこと。

🔑 **酸性雨**（p.111）

化石燃料の燃焼などにより放出される二酸化硫黄や窒素酸化物などを起源とする酸性物質が雨・雪・霧などに溶け込み、通常より強い酸性を示す現象。河川や湖沼、土壌の生態系に影響を与えるほか、コンクリートを溶かしたり、金属に錆を発生させたりする。

🔑 **指定法人ルート**（p.74）

容器包装リサイクル法では、指定法人の日本容器包装リサイクル協会を通じ市町村、リサイクル業者、ペットボトルメーカーなど特定事業者が協力・分担してプラごみの再生利用を行うこ

用語メモ（キーワード） 137

とを定めており、同法に沿ったプラごみの再生利用をこう呼んでいる。

収着 (p.59図2−13)

プラスチックが液体と接触することで、その表面に液体が吸着するだけでなく、一部がプラスチック内部に吸収される現象のこと。表面の洗浄では完全に除去できないため、アルカリなどの薬品を使って収着部分を削り取る必要がある。

静脈産業 (p.25)

産業廃棄物や使い捨てプラスチック製品などを回収し、再生利用・再資源化したり適正に処分したりする産業。製品を供給する産業を「動脈」、廃棄物となった製品を処分して後処理をする産業を「静脈」に例えている。

食物連鎖 (p.19)

生産者、消費者、分解者から成り立っている自然界において、生物種間での捕食者と被食者の「食う・食われる」の一連の関係。一般的に、食物連鎖の下位にいるほど個体は小さく数が多くなり、上位にいるほど個体は大きく数が少なくなる。

除染 (p.59図2−13)

ペットボトルの材料リサイクルによるボトルtoボトルで、使用・廃棄の段階でボトルに収着した有害物質を取り除くために行われている工程。使用する薬品の安全性、除去された有害物質の処理、環境負荷といった通常の材料リサイクルとは別の問題が発生する。

水平リサイクル (p.56)

元の製品と同じ用途、同一製品にリサイクルすること。カスケードリサイクルに比べ、材料の樹脂には高い品質が求められる。代表例はペットボトルのリサイクルなど。

3R (p.22)

廃棄物処理やリサイクルの優先順位のこと。Reduce（リデュース＝発生抑制）、Reuse（リユース＝再使用）、Recycle（リサイクル＝再資源化）の頭文字を取ってこう呼ばれる。Refuse（リフューズ＝ごみになるものを買わない）を加えて4R、Repair（リペア＝修理して使う）を加え5Rと呼ぶことも。

3R活動 (p.48)

ごみの焼却や埋め立てによる環境への負荷の低減をめざし、Reduce、Reuse、Recycleに積極的に取り組むこと。プラごみなど廃棄物の再資源化も含め、モノがスマートに回る循環型社会形成に向けての活動でもある。

生物濃縮 (p.19)

外界から取り込んだ物質が、環境中よりも高い濃度で生物の体内に蓄積する現象。食物連鎖を通じて、より上位の種や個体ほど、その濃度は高くなる傾向がある。

生分解性プラスチック (p.86)

土中や水中の微生物によって分解され、最終的に二酸化炭素と水になるプラスチック。微生物が産生するもの、動植物などを原料とするもの、化学合成したもの、でんぷんなどを混ぜて分解しやすくしたものがあり、グリーンプラスチックと総称されることも。

セルロースナノファイバー（CNF）(p.89)

木材などから得られる植物繊維のセルロースを、数nm（n＝ナノは10億分の1）にまで微細化して生産されたバイオマス素材。強度、熱による伸縮が小さい、ガスバリア性が高い（空気などの気体を通しにくい）などの性質を有し、植物由来のため、生産・廃棄における環境負荷も小さいという優れた特性がある。

ゼロエミッション (p.22)

地球環境に悪影響を与える物質の排出をゼロにすること。

［タ行］

ダイオキシン (p.72)

発がん性など、きわめて毒性の強い有機塩素化

合物の一つ。1999年にダイオキシン類対策特別措置法が制定された。

ダボス会議 (p.19)

スイス・ジュネーブに本拠を置く非営利財団、世界経済フォーラムが毎年1月に、スイス東部の保養地ダボスで開催する年次総会。世界各国の政財界のリーダーや学者が、世界経済や環境問題など幅広いテーマで意見交換をする。

炭化水素油 (p.62)

石油など炭化水素を主成分とする液体のこと。プラスチックはこの炭化水素を化学反応で高分子化して製造するので、炭化水素油の状態に戻すことができる。

弾性率 (p.134)

材料に外から力が加わったときの応力（元の形状を保とうとする力）と歪み（元の長さに対する変化量）の割合。歪みが小さいときは、弾性率は一定であり、弾性率が高いほど材料は硬いといえる。

長寿命化（リペア）(p.53)

最終的に廃棄物になるまで、モノを修理・修繕しながら長く使い続けること。

添加剤 (p.112)

プラスチック原料の品質の維持・向上のために加えられる化学物質。プラスチックには軟らかくするための可塑剤、紫外線による劣化を抑える紫外線吸収剤、酸化防止剤、プラスチック製品同士が付着しないようにする剥離剤、燃えにくくする難燃剤などさまざまな添加剤が使われている。添加剤の中には内分泌かく乱作用や生殖毒性を持つものも含まれる。

独自ルート (p.74)

市町村が分別回収したプラごみのうち、指定法人ルートとは別に、市町村とリサイクル業者の直接取引で再生処理が行われる方式。

都市鉱山 (p.98)

使用済みの携帯電話や家電製品などが大量に運び込まれる廃棄物処理場を鉱山に見立て、廃棄物に含まれるレアメタル（希少金属）など有用資源を再生・有効活用しようというリサイクルの概念。

［ナ行］

ナフサ (p.34)

原油を精製（分別蒸留）して熱分解するとガソリン、ナフサ（粗製ガソリン）、灯油、軽油などの石油製品が得られ、ナフサを熱分解するとエチレン、プロピレンなどの石油化学基礎製品ができる。石油化学基礎製品を化学合成してモノマーとし、モノマーを重合してポリマーを作り、これをペレット状にするとポリエチレン、ポリプロピレン、塩化ビニル樹脂などのプラスチック原料となる。

［ハ行］

バージンプラスチック (p.56)

石油などから製造する通常のプラスチック原料のこと。再生プラスチック原料と区別するための用語。

バーゼル条約 (p.21)

正式名称は「有害廃棄物の国境を越える移動及びその処分の規制に関するバーゼル条約」。有害廃棄物の定義や輸出に際しての許可制や事前通告制、不適正な輸出、処分行為が行われた場合の再輸入の義務などを規定している。

バイオプラスチック (p.22)

微生物によって生分解される「生分解性プラスチック」と、バイオマスを原料に製造される「バイオマスプラスチック」の総称。一定の管理された循環システムの中でそれぞれの特性を生かすことで、プラスチックに起因するさまざまな問題の改善に幅広く貢献できる。

用語メモ（キーワード） 139

バイオマス (p.87)

再生可能な生物由来の有機性資源で化石資源を除いたもの。バイオマス系の廃棄物としては、家畜排せつ物、下水道業などからの有機汚泥、建設現場などから発生する木くず、家庭から発生する厨芥類などがある。

曝露 (p.32)

生活環境や作業環境において、肺・口・皮膚などから化学物質・放射線・電磁波・紫外線などが体内に取り込まれること。

比表面積 (p.134)

材料の重さ当たり、あるいは体積当たりの表面積。材料を構成する粒子が小さいほど、材料の比表面積は大きくなる。材料が繊維で構成されている場合は、繊維が細いほどその比表面積は大きくなる。

漂着ごみ (p.31)

国内外の陸上、河川、海上（船舶等）などを発生源とし、海上を漂流して、各地の海岸に漂着するごみの総称。

富栄養化 (p.110)

湖沼、内海、内湾など閉鎖された水域が、貧栄養状態から富栄養状態へと移行する現象。ただし、流入するリンや窒素などの栄養塩類が過度になると、赤潮が発生したり、腐水状態になったりする。

複合素材 (p.61)

プラスチックと金属、プラスチックとガラス、プラスチックと繊維などのように、2つ以上の素材を複合して効果的な用途に使われるもの。使用時の機能強化を主眼とするので、廃棄物処理の段階ではどちらのリサイクル手法も使えないといった問題が発生することが多い。

フレーク (p.58)

再生資源としての洗浄、輸送、保管が容易になるように破砕されたプラスチック廃棄物の薄片。用途によってはこのままの状態で原料として流通するが、通常はペレットに加熱成型する。

ペレット (p.58)

プラスチック製品の原料となる、直径数mm程度の円筒型、もしくは円盤型の小粒。製造過程や輸送過程において非意図的に環境中に放出され、河川などから海洋に流入し、海洋プラごみ汚染の一因となっている。

PET (p.58)

石油由来のプラスチック、ポリエチレンテレフタレート（Polyethylene Terephthalate）の頭文字からPETと略称される。この樹脂がペットボトルの原料となる。

ベール品 (p.58)

一般にプラスチック容器・包装は重量に対して容積が大きいため、再資源化のための輸送・保管を容易にするために圧縮（ベール化）する。ベール品とは、このブロック状の廃プラスチックのこと。

ボトル to ボトル (p.56)

飲料用の使用済みペットボトルを原料化（リサイクル）し、新たな飲料用ペットボトルに再利用すること。日本ではケミカルリサイクル（化学的再生法）とマテリアルリサイクル（物理的再生法）が実用化されている。

ポリ乳酸 (PLA) (p.132)

トウモロコシやイモ類、サトウキビなどの植物から取り出したでんぷんを発酵させて作った乳酸を重合させたポリマー。

［マ行］

マイクロビーズ (p.22)

洗顔料や歯磨き粉、化粧品などに配合されている直径が0.5mm以下の微小なプラスチック粒子。マイクロプラスチックの一種。

🔑 **マイクロプラスチック** (p.18)

海洋などの環境中に拡散した、約5mm以下の微小なプラスチックのかけら。プラスチック製品の原料となるペレットやマイクロビーズなどの一次マイクロプラスチックと、海洋に流れ出たプラスチックが外的要因により劣化・崩壊して細片状になった二次マイクロプラスチックに分類される。

🔑 **マテリアルフロー** (p.44)

ある物質の採取から廃棄までのライフサイクル全体の流れ。生産・消費の製品段階を見るだけでは判断しにくい原料採取や廃棄段階での環境負荷まで把握できるメリットがある。

🔑 **モノのサービス化** (p.28)

モノ（製品）を売り切るのではなく、サブスクリプション（月額や年額などで定額料金を支払う仕組み）や従量課金（電気・ガス料金のように使った分だけ支払う方式）で提供し、長期継続的に使ってもらうビジネスシステム。

【ヤ行】

🔑 **有効利用率** (p.45)

廃棄物となった使用済み製品のうち、リサイクル、熱回収などの方法で再資源化することができた比率。

【ラ行】

🔑 **リカバリー** (p.68)

リユース、リサイクルができないプラごみを最終処分する前に有効利用すること。ごみ発電のような熱エネルギー回収が代表的だが、国際的には日本でケミカルリサイクルとされている技術の一部も含めることが多い。

🔑 **リサイクル** (p.22)

再資源化。日本では使用済みの製品や、製品の製造に伴い発生した副産物を回収し、原材料として再利用、または焼却熱のエネルギーとして利用すること（熱回収）だが、欧米では熱回収はリサイクルに含めていない。

🔑 **リサイクル率** (p.68)

国際的には、廃プラスチックのうち、材料リサイクルされる部分の比率のこと。日本政府は「材料リサイクル率＋ケミカルリサイクル率＋熱回収率」の合計をそう呼んでいるが、これは日本独自の解釈。

🔑 **リターナブル容器** (p.46)

一升瓶、ビール瓶、牛乳瓶などのように、使い捨てではなく、繰り返し使える容器のこと。回収後、洗浄され、中身を詰めて再び商品として販売される。

🔑 **リデュース** (p.22)

廃棄物の排出削減、マイルドにいえば発生抑制。

🔑 **リユース** (p.22)

再使用。使用済みの製品を回収し、適切な処置を施したうえで再使用、または繰り返し使用すること。

🔑 **レアメタル** (p.98)

存在量が少なかったり、採掘が難しいため産出量が少ない金属。経済産業省は、リチウム、チタン、マンガン、コバルト、ニッケル、モリブデンなど31種類の金属を指定している。

【ワ行】

🔑 **ワンウェイ容器** (p.46)

1回だけ使うことを想定して作られた容器。使用後、分別回収してリサイクルし、原料として再使用することもできる。

● 参考文献 ●

○『プラスチック・フリー生活』　シャンタル・プラモンドン　ジェイ・シンハ・著　服部雄一郎・訳
　NHK出版　2019年

○『海洋プラごみ問題解決への道』　重化学工業通信社　石油化学新報編集部・編　重化学工業通信社
　2019年

○『クジラのおなかからプラスチック』　保坂直紀・著　旬報社　2018年

○『地球をめぐる不都合な物質』　日本環境化学会・編　講談社ブルーバックス　2019年

○『プラスチック汚染とは何か』　枝廣淳子・著　岩波ブックレット　2019年

○『リサイクルデータブック2019』　産業環境管理協会　2019年

○『最新プラスチックのリサイクル100の知識』　プラスチックリサイクル研究会・編　東京書籍
　2000年

● 論文 ●

○「使い捨てプラスチックの削減を」　東京農工大学教授　高田秀重

○「脱プラスチックで持続可能社会を」　東京農工大学教授　高田秀重

○「マイクロプラスチック汚染の現状，国際動向および対策」『廃棄物資源循環学会誌』第29巻4号
　高田秀重　2018年

○「製鉄用コークス炉を活用した廃プラスチックの化学原料化技術」『環境資源工学　第50巻４号』
　加藤健次　2003年

○「政策検討へのライフサイクルアセスメント手法の適用　～容器包装リサイクル法を例として～」
　『三菱総合研究所所報』第55号　萩原一仁　2012年

○「容器包装リサイクル法におけるPETボトル収集処理の実態分析」（京都大学博士論文）　稲岡美奈
　子　2014年

○「バイオベースプラスチックの最近の進歩」『高分子』66巻　岩田忠久　2017年

● 報告書等 ●

○「我々の世界を変革する：持続可能な開発のための2030アジェンダ（仮訳）」　国連　2015年

○「プラスチック資源循環戦略の策定に向けて」『ちょうせい』第97号　井関勇一郎（環境省環境再
　生・資源循環局リサイクル推進室）　2019年

○「プラスチック資源循環戦略」　消費者庁／外務省／財務省／文部科学省／厚生労働省／農林水産
　庁／経済産業省／国土交通省／環境省　2019年

○「容器包装ライフ・サイクル・アセスメントに係わる調査事業報告書―飲料容器のLCAに係わる実態
　調査―」　環境省／政策科学研究所　2004年

○「ペットボトルリユース実証実験結果の取りまとめ」　環境省　2009年

○「容器包装リサイクル推進調査　〈容器包装リサイクル制度の施行状況に関する調査〉報告書」　環
　境省／三菱UFJリサーチ＆コンサルティング　2012年

○「第四次循環型社会形成推進基本計画」　環境省　2018年

○「プラスチックを取り巻く国内外の状況」　環境省　2018年

○「海洋プラスチック問題について」　環境省　2018年

○「海岸漂着物対策を総合的かつ効果的に推進するための基本的な方針」　環境省　2018年

○「容器包装廃棄物の使用・排出実態調査（平成30年調査）」 環境省

○「欧州プラスチック戦略について」 経済産業省　2018年

○「プラスチック資源循環を巡る最近の動向について」 経済産業省　2018年

○「製紙産業の将来展望と課題に関する調査報告書概要版」 経済産業省／三菱化学テクノリサーチ　2014年

○「ごみれぽ23 2019　一循環型社会の形成に向けて一」 東京二十三区清掃一部事務組合　2019年

○「プラスチックリサイクルの基礎知識2018」 プラスチック循環利用協会　2018年

○「プラスチック製品の生産・廃棄・再資源化・処理処分の状況：マテリアルフロー図　2017」 プラスチック循環利用協会　2018年

○「年次レポート2018 平成29年度実績報告」 日本容器包装リサイクル協会　2018年

○「プラねっと2018」 プラスチック容器包装リサイクル推進協議会　2018年

○「PETボトルリサイクル年次報告書2018」 PETボトルリサイクル推進協議会　2018年

○「食品用プラスチック容器包装の利点」 日本プラスチック工業連盟

○「容器包装3Rのための第3次自主行動計画」 ３Ｒ推進団体連絡会　2016年

○「バイオプラスチック概況」 日本バイオプラスチック協会　2018年

○「循環型社会形成自主行動計画　および『業種別プラスチック関連目標』〈総括〉」 日本経済団体連合会　2019年

○「世界で強まる廃プラ規制 ～プラスチック代替製品の開発動向と日本企業に求められる方向性～」 みずほ銀行 産業調査部　2019年

○「生分解性プラスチックの課題と将来展望」 三菱総合研究所　2019年

○「セルロースナノファイバー市場の現状と展望」 テクノ・クリエイト　マーケティング事業本部　2017年

○「平成28年度国内外におけるマイクロビーズの流通実態等に係る調査業務報告書」 三菱化学テクノリサーチ　2016年

○「欧州のサーキュラー・エコノミー政策について」 トーマツ　2019年

●欧文●

○'The New Plastics Economy: Rethinking the future of plastics', World Economic Forum Industry Agenda, 2016

○'Plastics – the Facts 2018: An analysis of European plastics production, demand and waste data', PlasticsEurope, 2019

○'Plastic waste inputs from land into the ocean', Jenna R. Jambeck, "SCIENCE", Vol.347 no.6223, 2015

○'The Chinese import ban and its impact on global plastic waste trade', Brooks, Wang, Jambeck, "Science Advances", Vol. 4, no. 6, 2018

○'SINGLE-USE PLASTICS: A Roadmap for Sustainability', UNEP, 2018

【監修者紹介】

高田秀重
たか だ ひで しげ

東京農工大学農学部環境資源科学科教授。環境中における
微量有機化学物質の分布と輸送過程をテーマに、河川、沿
岸域、大気、湖沼など、地球表層全般を対象に、国内外を
フィールドとした研究を続けている。2005年からは、世界
各地の海岸で拾ったマイクロプラスチックのモニタリング
を行う市民科学的活動「International Pellet Watch」を主宰。
また、国連の海洋汚染専門家会議のグループのメンバーとし
て、世界のマイクロプラスチックの評価を担当。日本水環
境学会学術賞、日本環境化学会学術賞、日本海洋学会岡田賞、
海洋立国推進功労者表彰（内閣総理大臣賞）など受賞多数。
共著書に、『環境汚染化学』（丸善出版）がある。

⦿カバーデザイン
長谷川　理

⦿編集
髙﨑外志春、高橋　洋、谷野　太（株式会社ダウンビート）、
瀧澤能章（東京書籍）

⦿執筆
岩橋　弘士：4章（株式会社ヘッドロック）
髙﨑外志春：3章とキーワード
高橋　　洋：2章と3章
谷野　　太：1章と2章（株式会社ダウンビート）

⦿校正
株式会社東京出版サービスセンター

⦿編集協力
鈴木章洋（株式会社アーク・コミュニケーションズ）

プラスチックの現実と未来へのアイデア
げん じつ　　　み らい

2019年8月29日　第1刷発行
2020年2月22日　第2刷発行

監修者　　高田秀重
たか だ ひで しげ

発行者　　千石雅仁

発行所　　東京書籍株式会社
　　　　　〒114-8524　東京都北区堀船2-17-1
　　　　　電話　03-5390-7531（営業）　03-5390-7505（編集）

印刷・製本　　株式会社リーブルテック

ISBN978-4-487-81260-8 C2030
Copyright © 2019 by Hideshige Takada and Tokyo Shoseki Co.,Ltd.
All rights reserved. Printed in Japan.

乱丁・落丁の場合はお取り替えいたします。
定価はカバーに表示してあります。
本書の内容を無断で複製・複写・放送・データ配信など
することはかたくお断りいたします。